Montaje de conjuntos y estructuras fijas o desmontables

Francisco Javier Luque Romera

Francisco José Entrena González

ic editorial

Montaje de conjuntos y estructuras fijas o desmontables

1ª Edición

Editado por: IC Editorial
c/ Cueva de Viera, 2, Local 3
Centro Negocios CADI
29200 Antequera (Málaga)
Teléfono: 952 70 60 04
Fax: 952 84 55 03
Correo electrónico: iceditorial@iceditorial.com
Internet: www.iceditorial.com

ISBN: 978-84-1184-984-5
Depósito Legal: MA 1163-2025

Impresión: PODiPrint
Impreso en Andalucía – España

Nota de la editorial: IC Editorial pertenece a Innovación y Cualificación S. L.

Presentación del manual

El **Certificado de Profesionalidad** es el instrumento de acreditación, en el ámbito de la Administración laboral, de las cualificaciones profesionales del Catálogo Nacional de Cualificaciones Profesionales adquiridas a través de procesos formativos o del proceso de reconocimiento de la experiencia laboral y de vías no formales de formación.

El elemento mínimo acreditable es la **Unidad de Competencia.** La suma de las acreditaciones de las unidades de competencia conforma la acreditación de la competencia general.

Una **Unidad de Competencia** se define como una agrupación de tareas productivas específica que realiza el profesional. Las diferentes unidades de competencia de un certificado de profesionalidad conforman la **Competencia General,** definiendo el conjunto de conocimientos y capacidades que permiten el ejercicio de una actividad profesional determinada.

Cada **Unidad de Competencia** lleva asociado un **Módulo Formativo,** donde se describe la formación necesaria para adquirir esa **Unidad de Competencia,** pudiendo dividirse en **Unidades Formativas.**

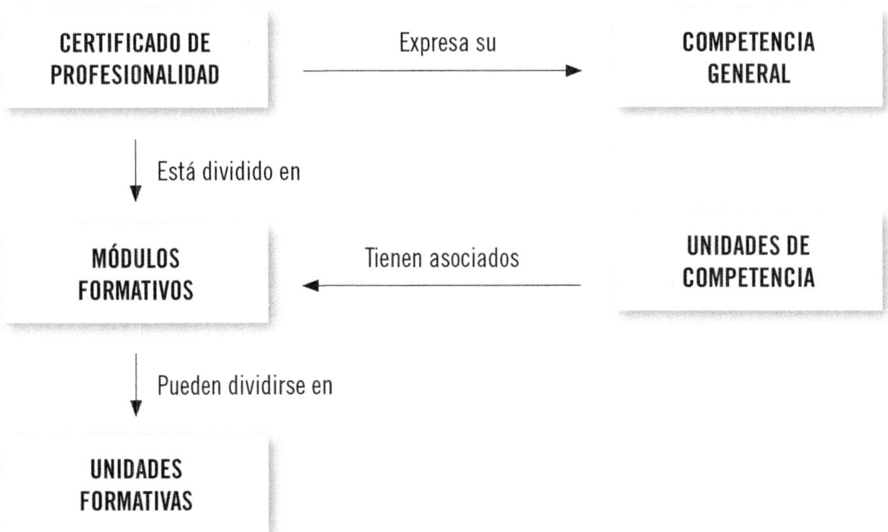

El presente manual desarrolla la Unidad Formativa **UF0445: Montaje de conjuntos y estructuras fijas o desmontables,**

perteneciente al Módulo Formativo **MF0088_1: Operaciones de montaje,**

asociado a la unidad de competencia **UC0088_1: Realizar operaciones básicas de montaje,**

del Certificado de Profesionalidad **Operaciones auxiliares de fabricación mecánica.**

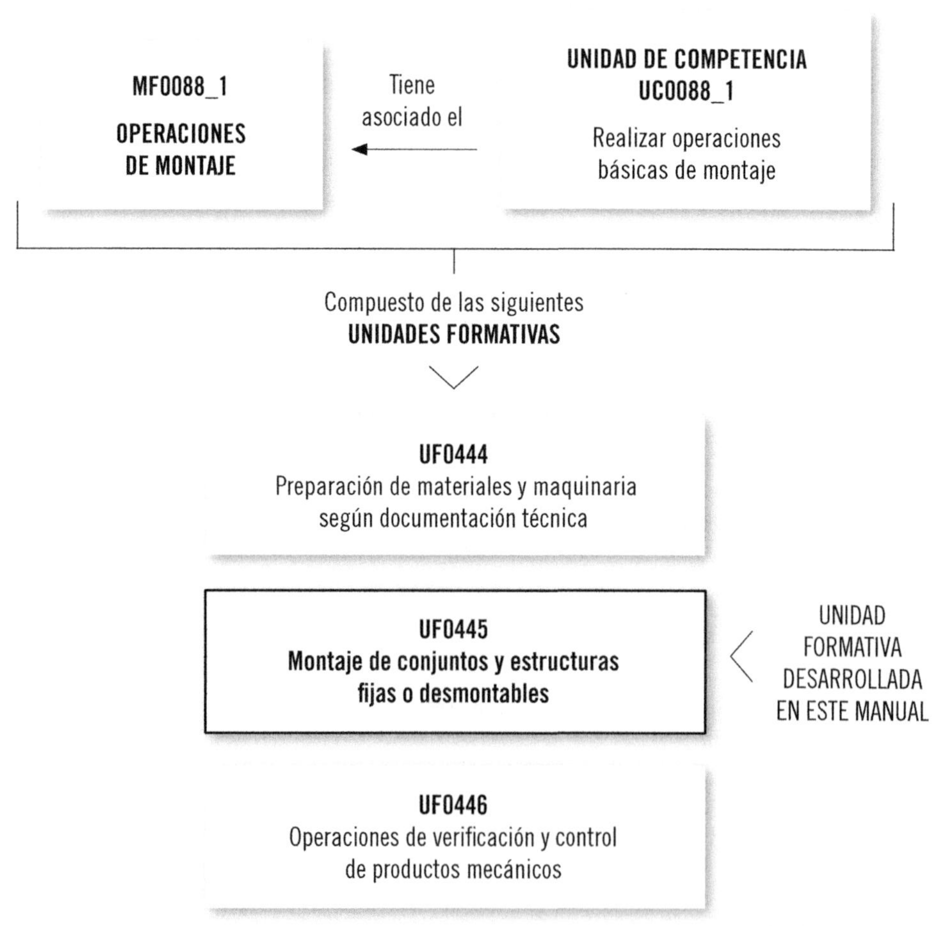

FICHA DE CERTIFICADO DE PROFESIONALIDAD

(FMEE0108) OPERACIONES AUXILIARES DE FABRICACIÓN MECÁNICA (Real Decreto 1216/2009, de 17 de julio)

COMPETENCIA GENERAL: Realizar operaciones básicas de fabricación, así como, alimentar y asistir a los procesos de mecanizado, montaje y fundición automatizados, con criterios de calidad, seguridad y respeto al medioambiente.

Cualificación profesional de referencia	**Unidades de competencia**		**Ocupaciones o puestos de trabajo relacionados:**
FME031_1 OPERACIONES AUXILIARES DE FABRICACIÓN MECÁNICA (R. D. 295/2004, de 20 de febrero)	UC0087_1	Realizar operaciones básicas de fabricación	• 9700.008.4 Peones de la industria metalúrgica y fabricación de productos metálicos • 8414.007.8 Montador en líneas de ensamblaje de automoción • 9700.001.1 Peones de industrias manufactureras • Auxiliares de procesos automatizados
	UC0088_1	Realizar operaciones básicas de montaje	

Correspondencia con el Catálogo Modular de Formación Profesional

Módulos certificado	Unidades formativas	Horas
MF0087_1: Operaciones de fabricación	UF0441: Máquinas, herramientas y materiales de procesos básicos de fabricación	80
	UF0442: Operaciones básicas y procesos automáticos de fabricación mecánica	90
	UF0443: Control y verificación de productos fabricados	50
MF0088_1: Operaciones de montaje	UF0444: Preparación de materiales y maquinaria según documentación técnica	60
	UF0445: Montaje de conjuntos y estructuras fijas o desmontables	90
	UF0446: Operaciones de verificación y control de productos mecánicos	30
MP0095: Módulo de prácticas profesionales no laborales		40

Índice

Capítulo 4
Almacenaje y transporte de materiales

Capítulo 1

Conocimiento y empleo de herramientas mecánicas empleadas en el montaje mecánico

Contenido

1. Introducción
2. Herramientas y llaves de apriete para el desmontaje y montaje de conjuntos
3. Herramientas para la sujeción y fijación
4. Herramientas de golpeo
5. Herramientas de corte y desbaste
6. Utillaje específico
7. Resumen

1. Introducción

En los talleres de la familia profesional de Fabricación Mecánica, se utilizan gran cantidad de herramientas manuales, llaves auxiliares y utillajes específico para poder realizar las operaciones de ensamblado, desmontaje, ajustado, etc. Normalmente este tipo de herramientas se utilizan de forma individual y la energía para su accionamiento procede del operario, por eso son conocidas como herramientas manuales. Se puede decir que estas herramientas son parte del equipamiento básico que debe tener cualquier taller, ya que normalmente se han de desmontar y apretar tornillos de diferentes formas, tamaños y cabezas.

Cualquier trabajador del taller debe conocer estas herramientas para utilizarlas en condiciones de seguridad y en los casos indicados, ya que si empleamos una herramienta para realizar un trabajo no adecuado, se puede dañar tanto la herramienta como la pieza, e incluso el mal uso puede originar un accidente (por ejemplo, si utilizamos un destornillador para realizar una palanca o el uso de unos alicates para aflojar una tuerca).

Debido a que el uso de estas herramientas es a diario, es conveniente tenerlas perfectamente localizadas y limpias en tableros o armarios, o bien en bancos dotados de ruedas que albergan gran cantidad de estas herramientas y que se pueden transportar hasta una zona determinada del taller donde se está realizando el trabajo.

A pesar de la gran diversidad de herramientas manuales existentes, estas se podrían clasificar en cinco grandes grupos dependiendo del tipo de trabajo que van a desempeñar: herramientas para el montaje y desmontaje, herramientas para la sujeción, herramientas de golpeo, herramientas de corte y desbaste, y utillaje específico.

2. Herramientas y llaves de apriete para el desmontaje y montaje de conjuntos

Las herramientas empleadas para el montaje y desmontaje de conjuntos son las más comunes. La mayoría de los ensamblados de las piezas están fijados mediante tuercas y tornillos con diferentes tipos de cabezas, medidas, etc. Y en algunos casos estos sistemas de sujeción se encuentran en sitios inaccesibles, por lo que existe una gran variedad. Debido a lo anteriormente explicado hay que saber seleccionar el tipo de herramienta adecuado en cada trabajo.

2.1. Llaves fijas

Las llaves fijas son las más sencillas y fáciles de usar. Generalmente están fabricadas en aleación de acero al cromo-vanadio. Se utilizan en trabajos con tornillos y tuercas que presenten una cabeza con lados paralelos dos a dos, como por ejemplo: cabeza cuadrada, hexagonal u octogonal; por lo que es indispensable que el número de lados de la cabeza sea par. La forma correcta de utilización consiste en introducir la cabeza de la tuerca o tornillo entre la boca de la llave y realizar el giro en el sentido adecuado según se esté apretando o aflojando. El mayor inconveniente que tiene este tipo de llave es que precisa de un gran giro para poder tener acceso a la siguiente cara de la tuerca o tornillo. Además, la sujeción entre la llave y la tuerca la realiza solamente en dos caras, con lo que, si se ejerce demasiada fuerza, se puede escapar. Existen de diferentes tamaños en función de la medida de la apertura de su boca expresada en milímetros. Tienen dos bocas, situadas cada una en un extremo. Las medidas más usuales están comprendidas entre la (6-7) y la (30-32).

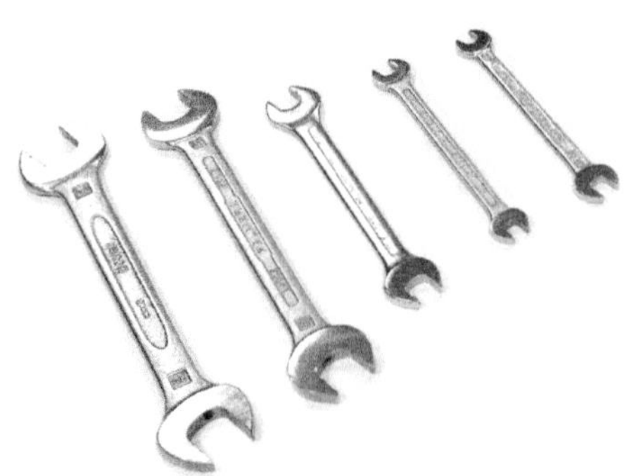

2.2. Llaves de estrella

Las llaves de estrella son similares a las llaves fijas, pero se diferencian en que la sujeción a la tuerca o la cabeza del tornillo la realizan en todas sus caras debido a que la zona de contacto es cerrada. Están fabricadas en aleación de acero al cromo-vanadio. La cabeza de la llave puede tener seis o doce lados para el agarre del tornillo de forma parecida a una estrella, de ahí su nombre. La llave de seis caras mantiene una buena sujeción del tornillo, en cambio la de doce caras permite una mayor manejabilidad en zonas de difícil acceso gracias a su ángulo de giro. Al igual que las llaves, se fabrican con dos medidas distintas en cada uno de sus extremos siendo las medidas más usuales las que oscilan entre la (6-7) y la (30-32).

Existen variantes de las llaves de estrella dependiendo de su forma, estas pueden ser:

- **Estrella plana:** es la más común y la más utilizada.

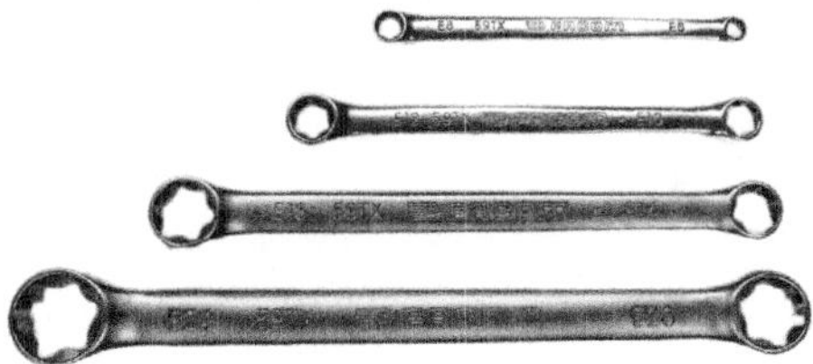

- **Estrella acodada:** los extremos de la llave terminan en forma acodada. Está indicada para tornillos y tuercas de difícil acceso.

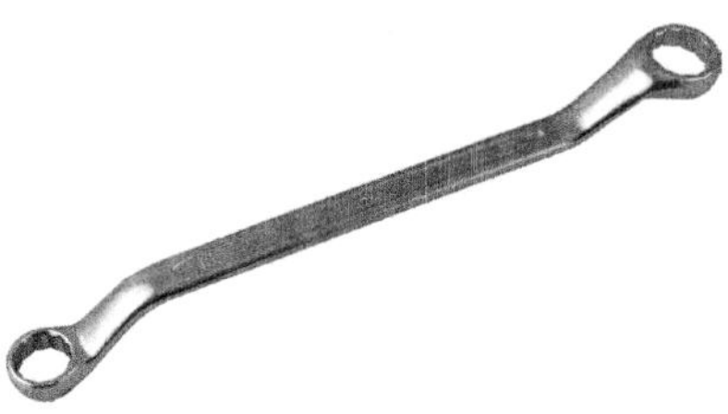

- **Estrella acodada con carraca:** contiene una carraca que facilita apretar o aflojar tornillos sin la necesidad de tener que sacar y volver a encajar la llave.

- **Estrella abierta:** tiene la boca reforzada y mantiene una abertura. Está especialmente diseñada para trabajos con racores.

- **Estrella de media luna:** es una llave de estrella plana pero que tiene forma curvada. Está diseñada para facilitar el acceso a tuercas o tornillos que estén en lugares de difícil acceso.

Definición

Racor

Pieza metálica con dos roscas internas en sentido inverso, que sirve para unir tubos u otros perfiles cilíndricos.

2.3. Llaves mixtas

Las llaves mixtas son una mezcla entre las llaves fijas y las llaves de estrella. Están fabricadas en aleación de acero al cromo-vanadio. Una de sus bocas es igual que una llave fija, o sea abierta, y en el otro extremo tiene la boca cerrada como las llaves de estrella. Ambas bocas son de la misma medida. Al igual que las anteriores, las más usuales oscilan entre la 6 y la 32. Es una herramienta muy versátil, ya que con ella se pueden realizar trabajos de apretar y aflojar tornillos que estén duros por la boca cerrada y cuando estén flojos se puede utilizar la boca abierta para mayor rapidez de trabajo.

Llave de estrella plana

2.4. Llaves de tubo

Las llaves de tubo son llaves con forma de tubo alargado y en sus extremos contienen cabezas hexagonales de distinta medida. Al igual que las llaves de estrella pueden tener seis o doce lados para el agarre del tornillo. Están fabricadas de acero al cromo-vanadio. El cuerpo de la llave tiene forma hexagonal y lleva mecanizados unos orificios de forma pasantes. Cuando el par de apriete es más alto que el que se pueda realizar con el simple giro de la llave de tubo con la mano, es necesario el uso de herramientas auxiliares para aplicar un mayor par. Generalmente es utilizada otra llave que se acople con el hexágono que tiene en su cuerpo, o bien una barra metálica que se pueda introducir por los orificios. Las medidas más usuales están entre la (6-7) y la (30-32).

2.5. Llaves de pipa

Las llaves de pipa se pueden considerar que son una versión de las llaves de tubo pero de forma acodada. Generalmente están fabricadas de acero al cromo-vanadio, una aleación resistente a la corrosión que cuenta con alta resistencia. Tienen forma cilíndrica y en sus extremos contienen el mismo tipo de boca. Esta es la ventaja frente a las llaves de tubo, porque si se pone la llave de la forma más horizontal se puede ejercer palanca sobre ella para aflojar y apretar el tornillo, y una vez flojo, se puede poner en su posición más vertical para realizar el trabajo con mayor rapidez. En ocasiones, en la parte acodada contienen un orificio que permite el acceso de otro tipo de llave, como allen o destornilladores, que resulta muy cómodo en los casos en que haya que ajustar un perno con una tuerca (por ejemplo, un reglaje de válvulas de un motor). También este orificio se puede utilizar, al igual que en las llaves de tubo, para introducir una barra que sirva de palanca para girarla.

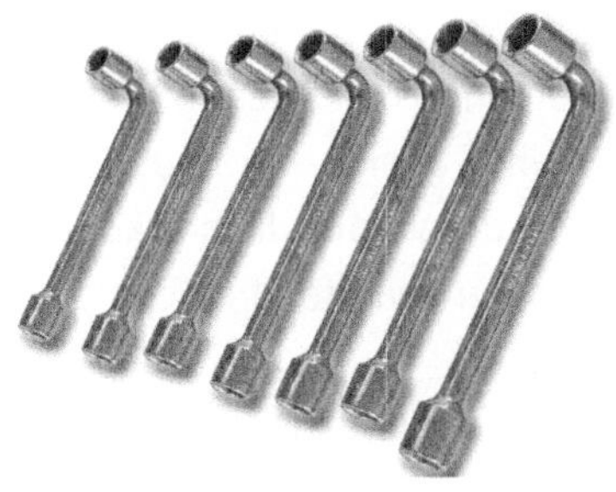

Nota

Al igual que las anteriores, están fabricadas de acero al cromo-vanadio.

2.6. Llaves de vaso

Las llaves de vaso son las herramientas más versátiles y polivalentes que existen debido a la multitud de modelos y combinaciones que se pueden realizar. Están fabricadas de aleación de acero al cromo-vanadio. Son llaves de forma cilíndrica, que se pueden considerar como una llave de tubo seccionada para ser utilizada con un útil acoplador y llegar a lugares donde una llave de tubo no es capaz. En su interior contienen seis o doce caras para el agarre del tornillo. Pueden ser de altura variable y en el extremo superior contienen un mecanizado en forma de abertura cuadrada sobre la que se puede acoplar el útil accionador. Normalmente se suelen suministrar en juegos o kits completos que contienen gran cantidad de llaves y accesorios para su acople. Los más significativos son:

- **Llaves de vaso:** pueden ser para tornillos hexagonales, de puntas de destornillador, de allen, torx, etc.
- **Cruceta:** es una barra que se acopla al vaso y sirve para hacer palanca, en muchas ocasiones puede ejercer la función de prolongador.

- **Prolongadores:** son barras de diferentes medidas y tamaños que se pueden intercambiar alargando o acortando la distancia de la llave.
- **Carraca:** es el elemento accionador. Su funcionamiento es reversible para evitar tener que desacoplar la herramienta del tornillo o tuerca. Mediante un trinquete se invierte el mecanismo según se quiera girar a derecha o a izquierda.
- **Adaptadores:** debido a la variedad de medidas existen adaptadores para combinar vasos pequeños con accionadores grandes y viceversa.
- **Articulaciones:** son unas piezas que se interponen entre el vaso y el accionamiento y que permiten movimientos de la llave desde diferentes ángulos. Están muy indicadas para tornillos de difícil acceso.

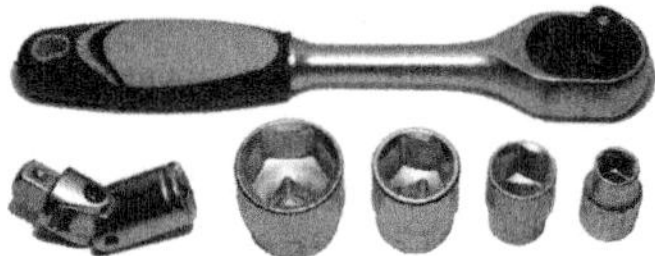

Nota

Las llaves de vaso normales no deben utilizarse con pistolas de impacto, ya que no están diseñadas para recibir golpes y es fácil que se rompan al ser utilizadas con este tipo de herramienta. Para este cometido, se fabrican llaves de vaso forjadas de alta dureza y resistencia a los impactos. Generalmente son rugosas y de color antracita.

2.7. Llaves allen

Las llaves allen son llaves de forma alargada y acodada que tienen forma hexagonal. Están diseñadas para encajar en tornillos con cabeza hexagonal mecanizada en el interior de su cabeza.

Nota

Existen de varias medidas, las más usuales oscilan entre la 3 y la 14.

Al igual que las llaves de pipa, solo utilizan una medida para ambos lados y su posición de trabajo se puede variar según se ponga de forma horizontal o vertical. En ocasiones la punta de la llave está mecanizada de forma redondeada para poder utilizar la llave con inclinación y facilitar los trabajos de difícil acceso.

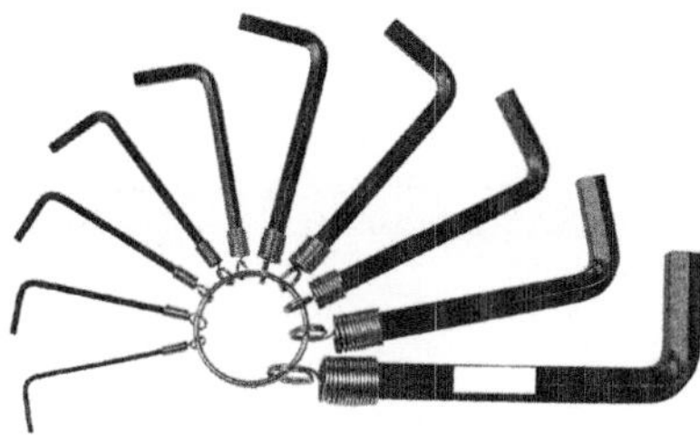

2.8. Llaves torx

Las llaves torx son similares a las llaves allen. Su forma es cilíndrica y el mecanizado lo tienen en sus puntas, el cual consta de una estrella de seis picos que es de la misma medida en sus dos extremos. También se fabrican llaves torx con un alojamiento en el centro de la estrella, el cual va destinado a tornillos con cabeza especial que presentan un saliente en esa zona, el cual suele tener una forma semiesférica.

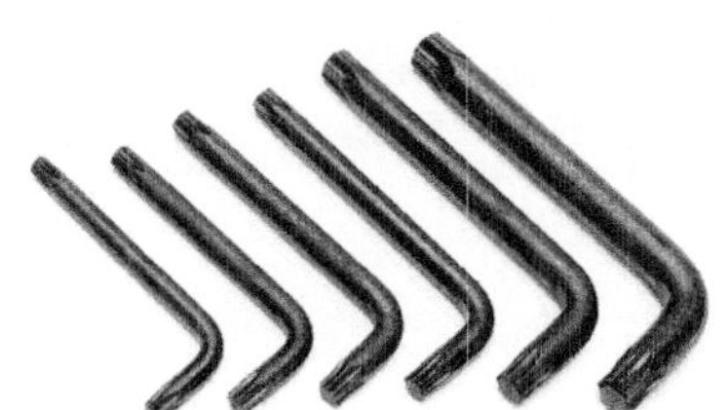

2.9. Llaves ajustables

Las llaves ajustables son aquellas que pueden variar la distancia de sus caras y adaptarse así a la medida de la tuerca o del tornillo. Son llaves de tipo universales muy polivalentes; no obstante, debido a su sistema de ajuste tienen pequeñas holguras que pueden hacer que el ajuste no sea óptimo.

Las más usuales son:

- **Llave inglesa:** es una llave con dos bocas o mordazas, una de ellas fija y otra móvil, que es la que hace el ajuste. El sistema de accionamiento es mediante un tornillo sin fin que permite el avance o retroceso de la boca móvil.

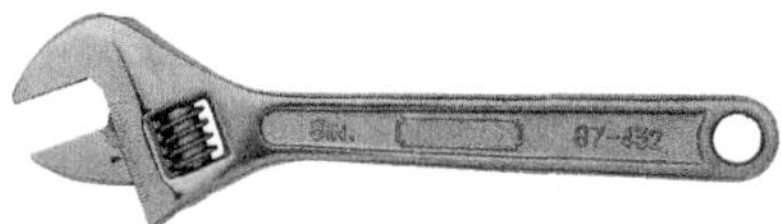

- **Llave grifa / Sitllson:** es un tipo de llave que contiene dos mordazas, una fija y la otra ajustable mediante un sistema de accionamiento con una tuerca sin fin. Sus mordazas contienen un dentado con unos filos vivos capaces de realizar el agarre de cualquier superficie. Gracias a este sistema permiten sujetar superficies redondeadas como por ejemplo tubos. La particularidad de esta llave es que las mordazas tienden a cerrarse en un sentido, mientras que en sentido contrario la tendencia es de abrirse. Debido a esta particularidad basta con posicionar la llave en un sentido u otro para realizar el apriete o aflojado de la pieza que se esté trabajando.

- **Llave de fleje:** es una llave ajustable capaz de sujetar piezas redondas. Consta de una lámina fina metálica y de una mordaza unida a un sistema de accionamiento de tornillo sin fin. El sistema de funcionamiento consiste en apretar o aflojar el mecanismo sin fin provocando que la mordaza modifique el orificio del fleje. De esta forma se realiza la sujeción de la superficie redonda. No es un tipo de llave indicada para realizar grandes esfuerzos, ya que el fleje se puede partir.

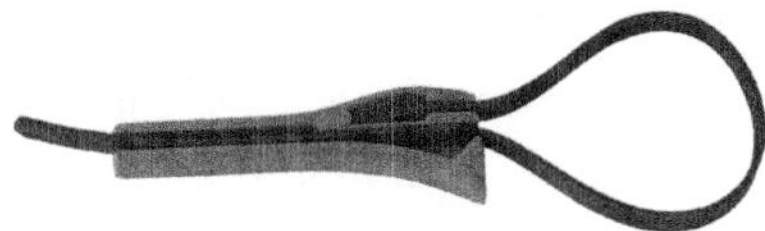

Este tipo de llaves se suele utilizar en componentes roscados de geometría cilíndrica de cualquier diámetro como, por ejemplo, los filtros de un automóvil. Por ello, coloquialmente se le conoce como llave de filtros.

- **Llave de cadena:** es un tipo de llave ajustable capaz de sujetar piezas redondas. Consta de una cadena y un mango de accionamiento. El sistema de funcionamiento consiste en ajustar manualmente el diámetro de la sujeción introduciendo la cadena en el mango. Al hacer girar el mango provoca que la cadena se ajuste realizando la sujeción de la pieza. Esta llave solo funciona en un sentido, por lo que si se quiere trabajar en sentido contrario hay que darle la vuelta a la llave.

2.10. Destornilladores

El destornillador es una herramienta alargada que sirve para aflojar o apretar tornillos de pequeño tamaño. Su funcionamiento se basa en girarlo mediante la acción de la muñeca, por lo que la fuerza ejercida es moderada. Consta de **tres partes:**

- **Punta:** puede ser de diferentes formas (plana, de estrella, torx, allen, etc.) y de diferentes tamaños.
- **Varilla:** es un trozo metálico que determina el tamaño del destornillador. En ocasiones en la parte superior de la varilla tiene mecanizado un hexágono que permite el accionamiento mediante una llave plana. De esta forma se ejercerá más fuerza.
- **Mango:** es la parte por donde se sujeta el destornillador. Su forma está diseñada para facilitar el agarre con la mano. En ocasiones contiene superficie antideslizante para evitar que la mano resbale.

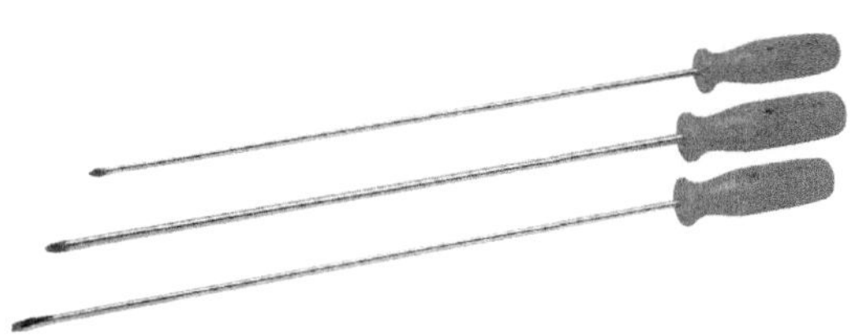

2.11. Dinamométricas

Las llaves dinamométricas son herramientas que se emplean para controlar el par de apriete que se está realizando. Existen trabajos en los que el par de apriete es decisivo para una buena terminación del mismo y no admite un apriete ni excesivo ni tampoco inferior. Este puede ser el caso del apriete que lleva la culata de un motor.

Para realizar estos trabajos se emplean llaves dinamométricas que tienen una regulación con la cual se puede seleccionar el par de apriete, ya sea en Nm (Newton metros) o kgf (kilogramos de fuerza) que se están ejerciendo.

? Sabía que...

La relación entre el kilogramo fuerza y el Newton es el valor de la gravedad. Por tanto, 1 kilogramo fuerza (kgf) equivale a 9,81 Newtons.

La llave dinamométrica consiste en una llave fija alargada en la que se pueden acoplar diferentes vasos de distintas medidas dependiendo de la cabeza del tornillo o tuerca que se vaya a apretar. En el extremo contrario donde se acoplan los vasos, se incorpora un mecanismo en el que se puede regular el apriete deseado. Generalmente este mecanismo consiste en un sistema giratorio que girando a derecha o izquierda se selecciona más o menos apriete, además contiene un visor que indica el apriete seleccionado.

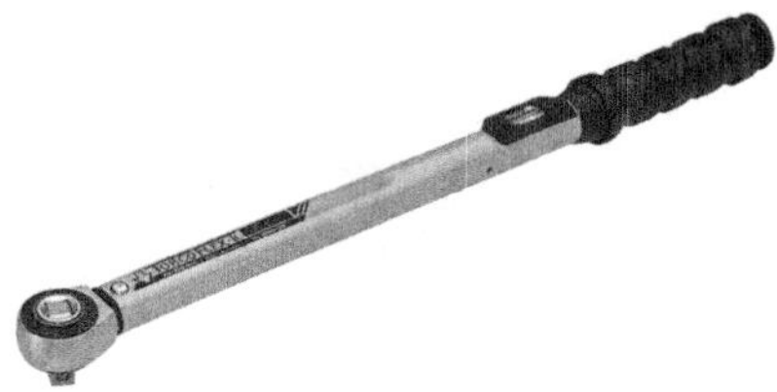

La forma de utilización correcta es la siguiente:

- Seleccionar en el indicador la fuerza que se va a ejercer.
- Aplicar la fuerza de giro suavemente en sentido de apriete.
- Detener el apriete una vez que salte el trinquete y se oiga el "clic" de aviso.

2.12. Llaves de grados

Las llaves de grados, o goniómetros, son llaves que se emplean para conocer el apriete que se está ejerciendo sobre una tuerca o tornillo.

Existen conjuntos en los que el montaje y el apriete deben ser muy precisos y, como se ha indicado en el apartado anterior, hay que recurrir a las llaves dinamométricas para conocer su apriete; pero también puede ocurrir que además durante el proceso de apriete se exija darle al tornillo un apriete en grados.

Las llaves de grados se utilizan en combinación con otras llaves de apriete en las que van intercaladas, como pueden ser las llaves dinamométricas o la cruceta de un juego de llaves de vaso.

El procedimiento a seguir para realizar un apriete en grados consta de dos fases o estadios:

- Primera fase: se realiza un apriete con la llave dinamométrica a un par de apriete determinado.
- Segunda fase: se coloca la llave de grados a "0" y se realiza el apriete indicado hasta que la llave marque los grados deseados.

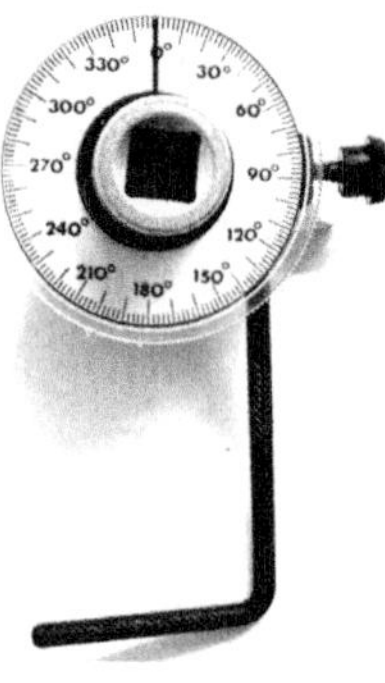

Llave de grados

2.13. Normas de seguridad e higiene

De carácter general, a la hora de trabajar con las herramientas manuales para el desmontaje y montaje, se tendrán en cuenta las siguientes indicaciones para evitar daños y accidentes:

- Siempre se utilizará la llave de la medida adecuada.
  Si se utiliza una llave de mayor tamaño, se puede provocar la deformación de la cabeza del tornillo o de la llave, e incluso la llave puede escaparse de la tuerca o tornillo y ocasionar golpes.
- En las llaves planas y alargadas, con una mano se sujetará la cabeza del tornillo y la fuerza para aflojar o apretar se ejercerá con la palma de la otra mano. De esta forma se evitará que se escape la llave y si llegara el caso de escaparse, evitaremos golpearnos en los nudillos.
- Las herramientas no se deben golpear para apretar o aflojar tornillos, ya que no están preparadas para recibir golpes y pueden romperse.
- No se deben empalmar llaves para ejercer palancas.
- Las llaves ajustables se ajustarán al máximo para mantener la mayor sujeción posible, de esta forma se evita el "redondeo" de la cabeza del tornillo o tuerca y que se escape la llave.
- En los trabajos con destornilladores no se sujetará la cabeza del tornillo, ya que se puede resbalar y clavarse en la mano.
- No se utilizarán los destornilladores para ejercer palancas, ya que pueden partirse.
- Las llaves dinamométricas una vez utilizadas y cuando no se vayan a utilizar, se destensarán para evitar el descalibrado de las mismas.
- Se utilizarán los equipos de protección individuales necesarios, como guantes, calzado, etc.

Aplicación práctica

Usted se encuentra trabajando en una cadena de montaje en la que se ensamblan tuberías con racores. ¿Qué tipo de llave utilizaría para apretarlos?

SOLUCIÓN

Tenga en cuenta que al ser un tubo con un racor solo puede utilizar llaves de boca abierta.

La llave que está especialmente diseñada para estos trabajos es la de estrella abierta.

Aplicación práctica

Usted se encuentra desmontando un conjunto formado por varias piezas mecánicas con un juego de llaves de vaso y resulta que una tuerca de gran tamaño (llave 32 mm) está muy dura y tiene que realizar un gran esfuerzo para poder quitarla. ¿Qué accesorio utilizaría junto con la llave de vaso para realizar esta operación?

SOLUCIÓN

Tenga en cuenta que aunque la carraca es muy útil y rápida de manejar, es frágil para estos trabajos y puede romperse.

Debería de utilizar la cruceta que es más resistente.

Aplicación práctica

En el taller en el que se encuentra trabajando, le encomiendan el montaje de un conjunto en el que tiene que realizar un apriete de los tornillos a 65 Nm (Newton metros) y la llave dinamométrica solo tiene una escala a kgf (kilogramos fuerza). ¿Qué apriete seleccionaría?

SOLUCIÓN

Tenga en cuenta que 1 kilogramo fuerza (kgf) equivale a 9,8067 Newton, por lo que tendrá que realizar una simple regla de tres para realizar el cálculo correspondiente.

En este caso la solución sería 6,63 kgf.

---

3. Herramientas para la sujeción y fijación

Estas herramientas están diseñadas para sujetar o fijar las piezas con las que se está trabajando. Existen de diferentes formas y tamaños dependiendo del tipo de trabajo a desempeñar o de la pieza a sujetar. Las más utilizadas son: tornillo de banco, alicates y mordazas.

3.1. Tornillo de banco

El tornillo de banco es una herramienta que sirve para sujetar las piezas en un banco de trabajo. Está fabricado de acero y tiene aspecto robusto. Consta de dos mordazas, una fija y otra móvil que se acciona mediante un husillo de tornillo sin fin. Normalmente está fijado al banco mediante tornillos que aseguran su firmeza. El sistema de funcionamiento consiste en introducir la pieza entre las mordazas y girar el husillo provocando el cierre de estas. La fuerza de fijación dependerá del apriete del husillo. En las ocasiones en que se quiera fijar una pieza delicada, se pueden utilizar unas protecciones para las mordazas de un material más blando llamadas galteras.

3.2. Alicates

Los alicates son herramientas de sujeción de pequeño tamaño. Se componen de dos brazos articulados con unas bocas o mordazas en las puntas y son capaces de realizar la sujeción gracias a la fuerza ejercida en sus brazos.

Existen diferentes tipos dependiendo del tipo de trabajo para el que están diseñados. Los más significativos son:

- **Alicates universales:** son los más polivalentes. Su boca está diseñada para poder realizar operaciones de sujeción de piezas planas, redondas y realizar cortes de pequeños materiales como alambres. Una versión de estos alicates es la de electricista; se diferencia en que los brazos de accionamiento están recubiertos por material aislante.

- **De corte:** su boca está formada por dos cuchillas de pequeño tamaño que permiten realizar cortes de materiales pequeños, como alambres, cables, etc.

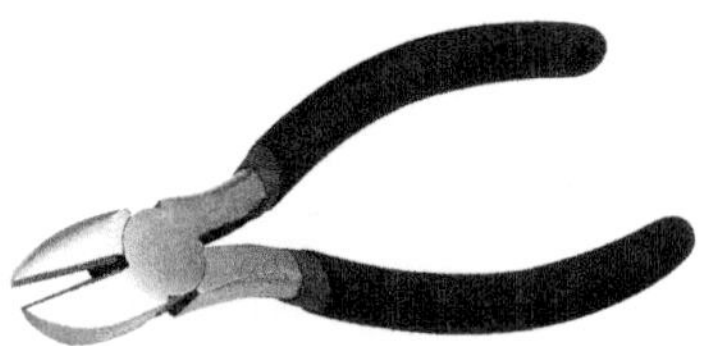

- **De punta:** son alicates en los que sus bocas acaban en forma de punta. La punta puede ser plana, redonda, alargada, etc.

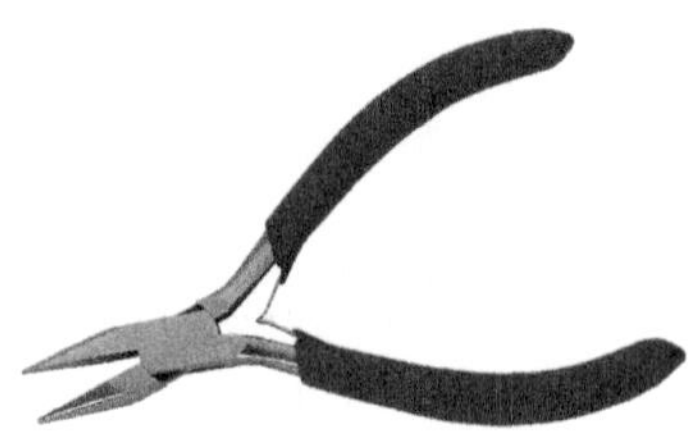

- **Pico de loro:** son unos alicates en los que la forma de sus bocas son curvadas, de ahí el nombre. El tamaño de la abertura de las bocas es ajustable en diferentes tamaños y normalmente los brazos articulados son de mayor tamaño, por lo que ejercen una gran presión entre sus bocas o mordazas.

- **De circlips:** son una especie de alicates de punta, en la que el extremo de sus bocas acaban de forma cónica para poder introducirse en los orificios de los clips elásticos. Dependiendo de su diseño pueden ser de apertura o de cierre, es decir, al apretar sus brazos pueden abrir o cerrar la punta de sus bocas.

Consejo

Los alicates de punta están especialmente indicados para sujetar piezas pequeñas y llevar a cabo labores de precisión manual como, por ejemplo, en soldadura de cables.

3.3. Mordazas

Las mordazas son herramientas de sujeción parecidas a los alicates. Se utilizan para sujetar piezas o mantenerlas unidas. A diferencia de los alicates, al ejercer presión sobre ellas se pueden bloquear, dejando la pieza sujeta sin necesidad de mantener la presión con la mano. Suelen tener un mecanismo de tornillo sin fin que regula la apertura de las mordazas para ajustarse al tamaño de la pieza. Existen de varios tipos dependiendo de la forma de las mordazas (planas, de punta, abiertas, etc.).

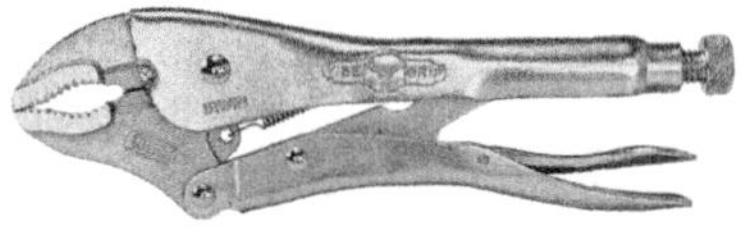

3.4. Utillaje de fijación

Además de las herramientas para la sujeción anteriormente expuestas, existen utillajes específicos para la fijación de conjuntos de piezas. Estos útiles pueden ser de diferentes formas y tamaños, pero normalmente su empleo consiste en el enclavamiento del útil sobre las piezas a ensamblar. De esta forma se evitan posibles movimientos entre los conjuntos que se están montando.

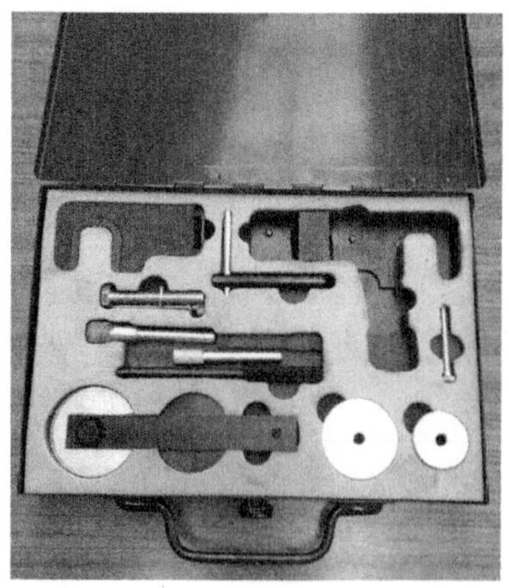

3.5. Normas de seguridad e higiene

Con carácter general, a la hora de trabajar con herramientas manuales de sujeción, se tendrán en cuenta las siguientes **indicaciones** para evitar daños y accidentes:

- La presión de sujeción del tornillo de banco será acorde con la pieza a sujetar, ya que si la pieza es frágil puede romperse si se ejerce demasiada presión sobre ella.
- La presión de los alicates o las mordazas se hará con la palma de la mano para evitar pillarnos los dedos.
- No se deben utilizar como herramientas de desmontar y montar, ya que solo están indicadas para la sujeción de piezas.
- Los alicates de corte solo se utilizarán para cortar piezas pequeñas.
- Las herramientas que tengan las superficies de agarre deterioradas deben ser desechadas, ya que la sujeción no es buena y pueden provocar que se escape la pieza.
- Para la utilización de útiles de fijación específicos, se tendrá en cuenta el manual del fabricante y especialmente los valores de resistencia, presión o fatiga frente a la rotura.
- Se utilizarán los equipos de protección individual necesarios como guantes y calzado.

4. Herramientas de golpeo

Las herramientas de golpeo son aquellas que trabajan gracias a la fuerza de impactos. Este tipo de herramientas se puede dividir en dos grandes grupos: las herramientas que golpean (martillos, mazos) y las que son golpeadas (cinceles, granetes, botadores, etc.).

4.1. Martillos

Es una herramienta para realizar golpes. Se puede utilizar de forma directa a la pieza o bien para golpear otra herramienta. Se compone de dos partes:

- **Mango:** es la parte de sujeción. Generalmente suele ser de madera.
- **Cabeza:** es la parte con la que se realiza el golpe. Es metálica y puede ser de diferentes formas dependiendo de su uso. Generalmente suele tener una punta plana y otra redondeada.

A la hora de seleccionar el martillo adecuado, hay que tener en cuenta las características de la pieza o herramienta, que deben ser acordes con el tamaño y la forma del martillo.

4.2. Mazos

Los mazos son herramientas similares a los martillos. Se diferencian en que la parte de golpeo no es metálica. Puede estar fabricada de tacos de nylon, goma, etc. Y estos tacos pueden ser intercambiables. Se utilizan para materiales blandos o para golpear piezas sin que sufran deformaciones. Al igual que los martillos, pueden ser de diferentes tamaños.

4.3. Botadores y granetes

Los botadores, cinceles y granetes son herramientas diseñadas para ser golpeadas, es decir, necesitan de la fuerza de impactos para desarrollar su trabajo. Generalmente están fabricados de forja de acero de gran dureza para resistir los impactos. Se diferencian en los siguientes aspectos:

- **Botadores:** están formados por el cuerpo y una punta de forma cilíndrica y alargada. Existen de diferentes tamaños y diámetros. Se utilizan para extraer pasadores.
- **Granetes:** están formados por el cuerpo y una punta de forma cónica acabada en punta. Se emplean para marcar mediante golpes, siendo una de sus aplicaciones más comunes la generación de guías para taladro en superficies planas.

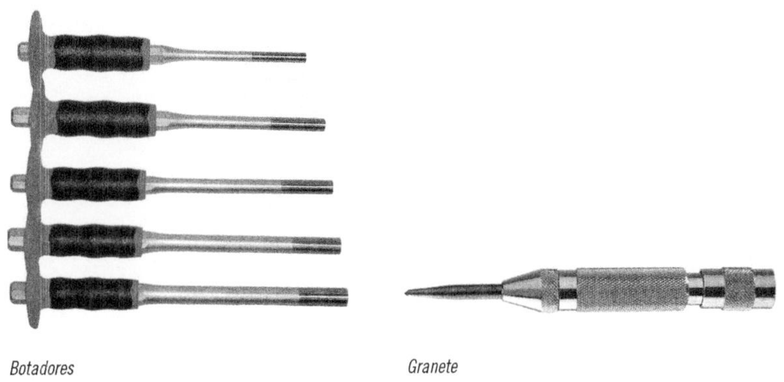

Botadores *Granete*

Sabía que...

Existen granetes que tienen un mecanismo percutor que hace que funcionen sin necesidad del martillo.

4.4. El destornillador de golpe

Es una herramienta diseñada para ser golpeada. Se compone de un cuerpo robusto metálico de forma cilíndrica y una punta en forma de boca hexagonal. En el interior del cuerpo lleva un accionamiento que transforma la fuerza del golpe en movimiento de rotación. Este movimiento se puede regular según el sentido de avance de la rosca, tanto si se trata de una rosca a derechas como de una rosca a izquierdas. Gracias a la punta hexagonal, se le pueden intercambiar diferentes tipos de puntas, (planas, de estrella, allen, torx, etc.). Se utiliza para apretar o aflojar tornillos que estén muy apretados, ya que con el destornillador común no se puede ejercer mucha fuerza.

Recuerde

El destornillador de golpe es una herramienta diseñada para ser golpeada que se usa para apretar o aflojar tornillos que estén muy apretados, ya que con el destornillador común no se puede ejercer mucha fuerza.

4.5. Normas de seguridad e higiene

Con carácter general, a la hora de trabajar con las herramientas manuales de golpeo, se tendrán en cuenta las siguientes **indicaciones** para evitar daños y accidentes:

- Se sujetará con una mano la herramienta para ser golpeada y con la otra el martillo. La mano dependerá de si el trabajador es diestro o zurdo.
- Se dará un golpe con el martillo suave para establecer la distancia con la herramienta y una vez se tenga confianza, se dará el golpe fuerte.
- Se alternarán golpes fuertes y suaves para no perder la distancia con la herramienta o la pieza.
- Solo se moverá el antebrazo y se evitará el movimiento del resto del cuerpo, ya que se puede perder la distancia con la herramienta o pieza.
- La cabeza del martillo debe estar bien firme, ya que puede salir proyectada con la fuerza de los impactos.
- Las herramientas para ser golpeadas no presentarán rebabas y si son de corte estarán bien afiladas. De lo contrario se tendrá que golpear con más fuerza y se corren riesgos de accidente.
- Se utilizarán los equipos de protección individual necesarios como guantes, gafas y calzado de seguridad. En los trabajos en que se golpee de forma continuada durante un largo periodo de tiempo se utilizarán protecciones auditivas.

Aplicación práctica

Usted está realizando el montaje de un conjunto que contiene tornillos con cabezas de destornillador de estrella y avellanadas. El jefe de planta le indica que el apriete de estos tornillos debe ser considerable ya que no deben aflojarse. ¿Qué herramienta utilizará?

SOLUCIÓN

Debido a que la cabeza del tornillo es de destornillador de estrella, no podrá utilizar una llave de giro (como la dinamométrica o la carraca), ya que la punta de destornillador intentará salirse a medida que el tornillo se endurezca debido al apriete.

Debería utilizar el destornillador de golpe en combinación con un martillo.

5. Herramientas de corte y desbaste

Las herramientas de corte son aquellas que están diseñadas para dividir una pieza en dos partes, bien sea mediante el arranque de virutas o por el cizallamiento. Las herramientas de desbaste son las que son capaces de reducir o afinar una superficie mediante el proceso de arranque de virutas. A continuación, se presentan las herramientas de corte y desbaste manuales más usuales.

5.1. Sierra

La sierra es una herramienta de corte mediante el arranque de viruta. Está formada por un arco con soporte y una hoja metálica con un dentado que realiza el corte. Su forma de utilización consiste en realizar movimientos de vaivén en forma de avance y retroceso. Existen diferentes tipos de hojas de sierra dependiendo del material que se va a cortar, metales blandos, duros, etc.

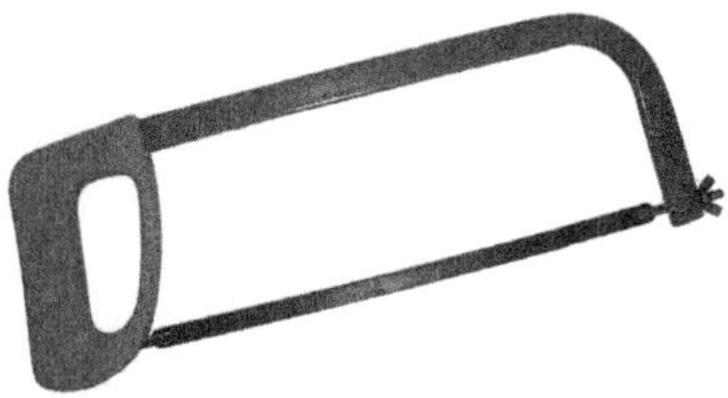

Recuerde

La forma de utilización de la sierra consiste en realizar movimientos de vaivén, de forma que en un sentido se realiza el corte y en el otro se evacua el material en forma de viruta.

5.2. Cizalla manual

La cizalla manual es una herramienta de corte. Está formada por dos brazos de gran tamaño y dos bocas con filo de cuchilla. Normalmente estas bocas son intercambiables. Es una herramienta muy robusta. Realiza cortes de piezas como tornillos, cadenas o espárragos, gracias a la presión ejercida por sus largos brazos.

5.3. Tijeras de cortar chapa

Las tijeras de cortar chapa son una herramienta de corte fabricada en acero de alta calidad. Sirven para cortar chapas de pequeño espesor, ya que la fuerza se ejerce al apretar los dedos y la palma de la mano. Existen de diferentes tipos dependiendo de la forma de sus cuchillas. Pueden ser para realizar cortes rectos o curvos. En ocasiones contienen un muelle que ayuda a la apertura de sus cuchillas.

5.4. Limas

Las limas son herramientas de desbaste mediante el procedimiento de arranque de virutas. Se utilizan para rebajar una superficie u obtener acabados superficiales. Se componen de un mango y un trozo de metal alargado fabricado en acero templado que contiene un dentado con el que realiza la abrasión.

Dependiendo de su forma pueden ser de **varios tipos:**

1. **Planas de punta:** son limas con el cuerpo plano y acaban estrechándose por la punta. Este estrechamiento se realiza para facilitar el acceso de la lima a partes interiores de la pieza.
2. **Planas:** son las más comunes y las más utilizadas. Sirven para realizar trabajos sobre superficies planas.
3. **Cuadradas:** poseen cuatro superficies planas y se utilizan para repasar superficies con perfiles que contengan ángulos de 90°.
4. **Redondas:** se utilizan para agujeros y superficies cilíndricas.
5. **Media caña:** es una mezcla de lima plana y redonda. Por su construcción son muy polivalentes, ya que sirven para superficies planas y redondas o ángulos inferiores a 60°.
6. **Triangular:** se utilizan para superficies planas y perfiles que utilicen ángulos superiores a 60°.

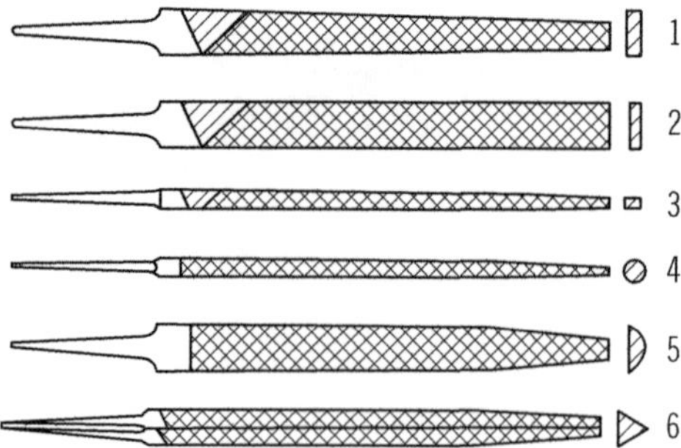

Y dependiendo del **grado de corte** pueden ser:

- **Bastas:** son las que tienen 8 dientes por cm^2. Se utilizan para el arranque rápido de material y como comienzo del proceso de limado. (Imagen tipo I)
- **Semifinas:** son las que tienen 12 dientes por cm^2. Se utilizan para terminaciones medias. (Imagen tipo II)
- **Finas:** son las que tienen más de 16 dientes por cm^2. Se suelen emplear para realizar buenos acabados o terminaciones. (Imagen tipo III)

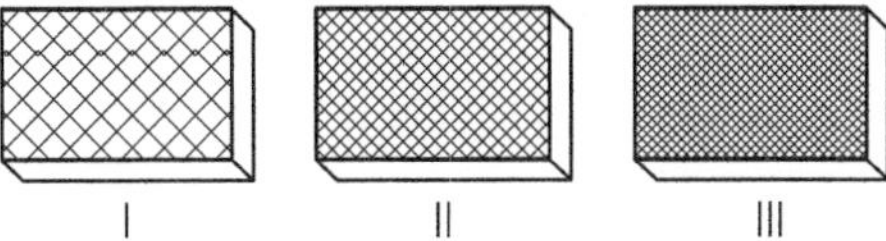

?

Sabía que...

El grado de corte de una lima es la capacidad de arranque de material que tiene. Este factor dependerá de la cantidad de dientes que tiene por centímetro cuadrado (cm^2).

5.5. Cincel

El cincel tiene forma alargada y uno de sus extremos tiene forma de punta para realizar el corte. Está fabricado en acero sometido a tratamiento térmico para aumentar su dureza. Las **partes** de un cincel son:

- **Cabeza:** es la parte trasera del cincel. En esta zona es donde se produce el golpeo con el martillo.
- **Cuerpo:** es la parte central del cincel. Es la zona de sujeción y puede adoptar diferentes formas y tamaños. Los más utilizados suelen tener forma rectangular y miden en torno a los 20 centímetros de longitud.

- **Punta:** es la parte delantera del cincel. Tiene forma de cuña y acaba en filo con una arista de corte. El ángulo de la cuña está comprendido entre 8 y 10º.

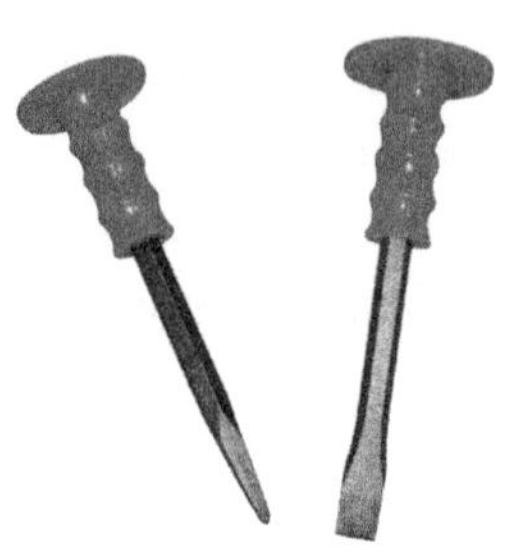

Dependiendo del tipo de uso o corte que se vaya a realizar, los cinceles pueden ser de diferentes **tipos:**

- **Planos:** se utilizan para cortar o partir metales. Es el tipo más común y el ancho de la punta oscila entre 10 y 20 mm.
- **Buriles:** es un tipo de cincel que contiene una punta estrecha para cortar pequeñas partes de material. Se suele utilizar en zonas en las que se necesite un corte más preciso.
- **Rómbicos:** son cinceles con la punta en forma rómbica. Se utilizan en trabajos en los que se requiere profundidad.

5.6. Normas de seguridad e higiene

De carácter general, a la hora de trabajar con herramientas manuales de corte y desbaste, se tendrán en cuenta las siguientes **indicaciones** para evitar daños y accidentes:

- La hoja de sierra tendrá el dentado correcto y no le faltarán dientes, de lo contrario se atrancará y se romperá la hoja provocando daños.
- Las herramientas de corte estarán bien afiladas, de lo contrario se deberá realizar más presión, provocando posibles resbalamientos de las herramientas y aumentando el riesgo de accidente.

- Las herramientas de corte realizan su trabajo ejerciendo presión sobre las mismas, por lo que no deben ser golpeadas, a excepción de los cinceles.
- Se utilizarán los equipos de protección individual necesarios como guantes, gafas y calzado de seguridad.

6. Utillaje específico

Los útiles son herramientas manuales que sirven para realizar trabajos específicos. No se suelen utilizar frecuentemente en comparación con las herramientas de desmontaje y montaje. No obstante, su uso dependerá del tipo de trabajo que se realice en el taller. Se pueden **clasificar** en dos grandes grupos dependiendo de su función:

- Herramientas especiales.
- Herramientas de comprobación.

6.1. Herramientas especiales (extractores, terrajas y machos de roscar)

Dentro de las herramientas especiales se podrían catalogar infinidad de modelos dependiendo del trabajo para el cual están fabricadas; no obstante, se va a hacer mención de las más usuales empleadas en los procesos de montaje de conjuntos mecánicos:

- **Extractores:** son útiles diseñados para desmontar piezas que están unidas mediante sistemas de presión. Generalmente están fabricados en acero y pueden soportar gran presión.
- **Terrajas:** las terrajas de roscar son herramientas que se emplean para realizar roscas a un cilindro en forma de perno que se convertirá en un tornillo. Están fabricadas en acero rápido HSS de gran dureza. Tienen forma redonda y en su parte central tienen mecanizado unos filos vivos que son los que realizan el mecanizado de la rosca. Para realizar el roscado a un perno, se seleccionará la terraja con el tipo de rosca seleccionado y se realizará con la ayuda de un maneral o porta terrajas.

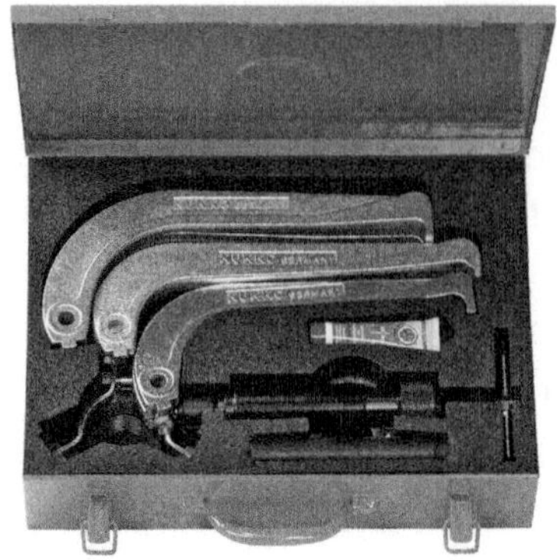
Extractor

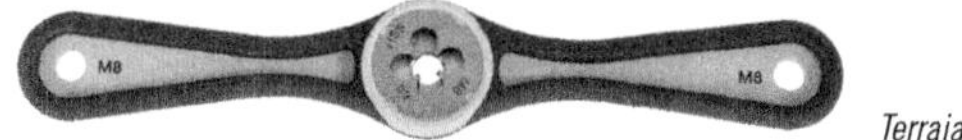
Terraja

Estos filos disponen de unos orificios por los que realiza la lubricación y la extracción de las virutas.

- **Machos de roscar:** son las herramientas manuales que se utilizan para la fabricación de roscas en orificios u agujeros, convirtiéndose en tuercas. Están fabricadas en acero HSS de gran calidad. Tienen forma similar a la de un tornillo pero contienen unas aristas longitudinales que realizan el arranque de virutas y facilitan su evacuación. Se componen de tres partes bien diferenciadas:

  - **Entrada:** es la parte de la punta del macho. Tiene una forma cónica que facilita el inicio y centrado de la rosca.
  - **Cuerpo:** es la parte central del macho de roscar. Es la que realiza el arranque de viruta y confecciona la rosca.
  - **Mango:** es la terminación del macho de roscar. Contiene una cabeza cuadrada por donde se acopla el giramachos. En esta parte se indican grabadas las características del macho. Por ejemplo M 8 x 125 (métrica 8 paso de rosca 125).

Los machos se suelen suministrar en cajas que contienen dos o tres unidades de la misma medida, pero que varían en el tamaño de la conicidad de la entrada. El motivo es realizar las roscas en dos o tres etapas en las que se pasan los machos de más conicidad primero y por último el de menos conicidad. De esta forma se fabrica la rosca de una forma menos abrasiva y con un mejor centrado.

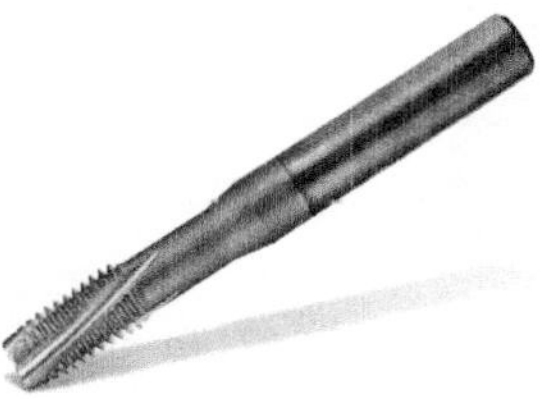

6.2. Útiles de comprobación

Los útiles de comprobación son herramientas manuales que están fabricadas para la medición y comprobación de las piezas. Pueden estar fabricados de distintos materiales dependiendo de su aplicación (acero, aluminio, etc.). Por lo general, son herramientas frágiles y de gran precisión. por lo que se deben manejar con precaución. La gama de este tipo de herramientas es muy variada, desde una simple regla o escuadra hasta relojes comparadores capaces de medir centésimas de milímetros. Los útiles de **medición** más usuales son:

- **Reglas y escuadras:** sirven para medir tamaños y superficies.
- **Calibre o pie de rey:** sirve para medir medidas interiores, exteriores y de profundidad.

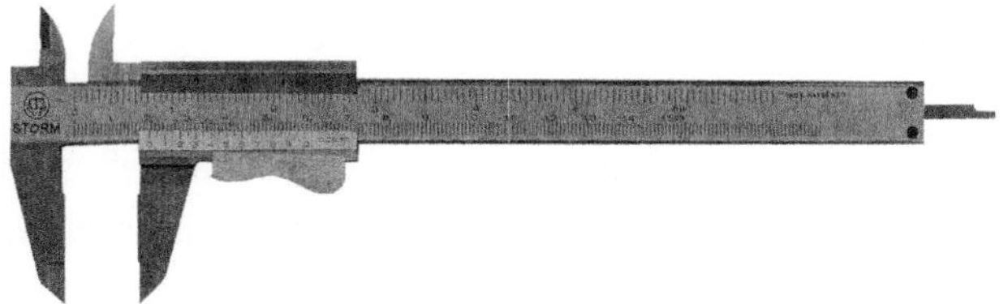

- **Galgas:** son unas láminas calibradas que sirven para medir distancias y holguras entre piezas.
- **Micrómetro:** es un aparato de medición directa de gran precisión.

Existen micrómetros que permiten mediciones de la milésima parte de un milímetro.

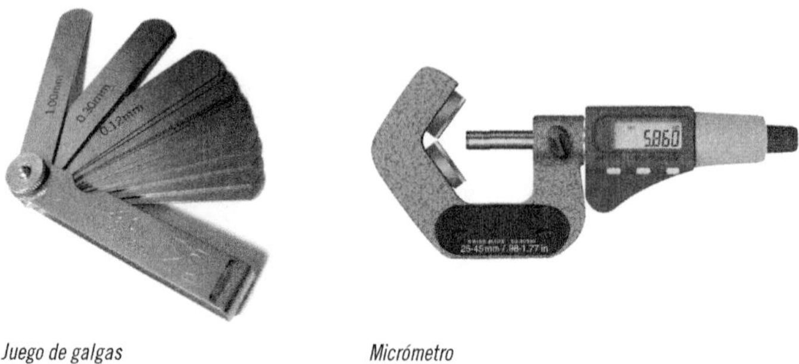

Juego de galgas *Micrómetro*

- **Manómetros:** son relojes capaces de medir presiones.
- **Reloj comparador:** permite medir desviaciones de superficies.

Manómetro *Reloj comparador*

6.3. Herramientas auxiliares

En cualquier proceso de montaje manual es común el uso de herramientas que cumplen una función específica; por ejemplo, para atornillar un tornillo con cabeza de estrella es necesario el uso de un destornillador.

Este tipo de herramientas indispensables para llevar a cabo la operación reciben el nombre de herramientas principales, pero en ciertas ocasiones se recurre a otro tipo de herramientas para complementar a las herramientas principales y realizar de una forma más cómoda, eficaz y segura la operación. Se conoce como herramienta auxiliar a toda aquella que no es indispensable para llevar a cabo la operación principal, pero que la facilita y evita el riesgo de accidente.

Por ejemplo, la operación de clavar un clavo puede ser realizada con un martillo únicamente, el cual sería la herramienta principal; pero si el clavo se sujeta con unos alicates –que harían la función de herramienta auxiliar–, en lugar de sujetarlo con la mano, la operación se realizará de una forma más segura.

6.4. Normas de seguridad e higiene

De carácter general, a la hora de trabajar con utillajes específicos se tendrán en cuenta las siguientes **indicaciones** para evitar daños y accidentes:

- Cada útil se usará solamente con el fin para el que esté fabricado. Hay que tener en cuenta que solamente son capaces de soportar esfuerzos limitados.
- A la hora de utilizar extractores hay que garantizar la buena fijación de los mismos con la pieza. De lo contrario se escaparán pudiendo ocasionar daños.
- En los trabajos realizados con terrajas y machos de roscar, se seleccionará el de diámetro y rosca adecuados, ya que si se utiliza uno mayor dará lugar a la rotura del mismo.
- Los aparatos de medida y comprobación por lo general suelen ser frágiles, por lo que se manipularán con precaución.
- Siempre se tendrán en cuenta las especificaciones de los fabricantes a la hora de utilizarlos.
- Se utilizarán los equipos de protección individual necesarios, como guantes, gafas, calzado de seguridad, etc.

Consejo

Para facilitar el proceso en los trabajos realizados con terrajas y machos de roscar, es aconsejable el uso de lubricantes.

7. Resumen

Como se ha explicado, existe una gran diversidad de herramientas manuales que se clasifican en cinco grandes grupos dependiendo del tipo de trabajo que van a desempeñar: herramientas para el montaje y desmontaje, herramientas para la sujeción, herramientas de golpeo, herramientas de corte y desbaste, y utillaje específico.

Dentro de las herramientas y llaves de apriete para el desmontaje y montaje de conjuntos, destacamos las siguientes: llaves fijas, de estrella, mixtas, de tubo, de pipa, de vaso, allen, torx, ajustables, destornilladores, dinamométricas y llaves de grados.

En cuanto a las herramientas para la sujeción y fijación, las más utilizadas son: tornillo de banco, alicates (universales, de corte, de punta, pico de loro y de circlips) y mordazas.

Las herramientas de golpeo se pueden dividir en dos grandes grupos: las herramientas que golpean (martillos, mazos) y las que son golpeadas (cinceles, granetes, botadores, destornilladores de golpe, etc.).

Dentro del grupo de herramientas de corte y desbaste manuales, las más usuales son: sierra, cizalla manual, tijeras de cortar chapa, limas y cinceles.

Y por último, como utillaje específico, y dependiendo de su función, nos podemos encontrar con herramientas especiales (extractores, terrajas y machos de roscar) y herramientas de comprobación o medición (reglas y escuadras, calibre o pie de rey, galgas, micrómetro, manómetro y reloj comparador).

A la hora de trabajar con todas estas herramientas manuales hemos visto que se deben tener en cuenta unas normas de seguridad e higiene, para evitar daños y accidentes.

Ejercicios de repaso y autoevaluación

1. ¿Qué tipo de llave es una de estrella abierta?

a. Es una llave que en un lado la boca es de estrella y en el otro la boca es abierta.
b. Es un tipo de llave de estrella cuyas bocas son abiertas. Están especialmente indicadas para los racores.
c. Es un tipo de llave de estrella que, gracias a un mecanismo, se pueden abrir o cerrar sus bocas.
d. Ninguna respuesta es correcta.

2. ¿De qué tipo de material están fabricadas normalmente las herramientas para desmontar y montar?

a. De aleación de acero al cromo-vanadio.
b. De aleación de aluminio.
c. De acero templado.
d. De aleación de acero y cobalto.

3. ¿En qué se diferencian a simple vista una llave de vaso de una de impacto?

a. Las llaves de impacto tienen 6 caras interiores.
b. Las llaves de impacto tienen 12 caras interiores.
c. Las de impacto son rugosas y de color antracita.
d. Las llaves de impacto solo están disponibles a partir de los 22 mm.

4. De las siguientes llaves, ¿cuál es ajustable?

a. La llave inglesa.
b. La llave de cadena.
c. La llave de fleje.
d. Todas las opciones son correctas.

5. **¿Para qué se emplea una llave dinamométrica?**

   a. Para realizar mediciones inferiores al metro.
   b. Para realizar desmontajes de conjuntos según normativa DIN.
   c. Para controlar el apriete que se ejerce sobre un tornillo o tuerca.
   d. Para realizar mediciones superiores al metro.

6. **¿En qué tipo de alicates se puede ajustar la abertura de sus bocas?**

   a. En los de circlip.
   b. En los de pico de loro.
   c. En los de corte, aunque solo si se le cambian las puntas.
   d. En los universales.

7. **¿Para qué sirve un botador?**

   a. Es una herramienta de golpeo que se utiliza para extraer pasadores.
   b. Es un extractor de presión que se utiliza para extraer pasadores.
   c. Para amortiguar los golpes ejercidos por un martillo sobre un cincel.
   d. Para realizar marcas en piezas metálicas.

8. **El destornillador de golpe...**

   a. ... solamente se puede utilizar para aflojar tornillos.
   b. ... solamente se puede utilizar para apretar tornillos.
   c. ... permite el intercambio de diferentes tipos de puntas.
   d. ... es aconsejable utilizarlo junto con un mazo de goma para no dañar la cabeza del tornillo.

9. **¿De qué depende el grado de corte de una lima?**

   a. De la presión que se ejerce sobre ella.
   b. Del sentido en que se realice la abrasión.
   c. De la forma de la caña.
   d. De la cantidad de dientes que tiene por centímetro cuadrado.

10. ¿Qué ángulo de punta deben de tener los cinceles?

a. Entre 20º y 30º.
b. Entre 8º y 10º.
c. Entre 15º y 20º.
d. Superior a 30º.

Capítulo 2

Conocimiento y empleo de las uniones fijas y desmontables

Contenido

1. Introducción
2. Técnicas de unión y montaje
3. Uniones fijas, soldadas, prensadas, remachadas, por zunchado y anclajes
4. Uniones adhesivas
5. Uniones desmontables: tipos y aplicaciones. Tornillos, tuercas, pernos, arandelas, pasadores, bridas, chavetas y lengüetas
6. Resumen

1. Introducción

La mayoría de los productos de uso cotidiano que se encuentran a nuestro alrededor están fabricados en dos o más partes diferentes unidas por distintos medios. Por ejemplo: algunos cuchillos de cocina tienen mangos de madera o plástico que se unen a las hojas metálicas mediante sujeciones o remaches; los bolígrafos están formados por varios componentes que se unen entre sí, bien por apriete o por uniones roscadas.

A una escala mayor, observamos cómo se ensamblan y unen los numerosos componentes de computadoras, vehículos, estructuras metálicas, aparatos eléctricos, etc., mediante uniones soldadas, roscadas, uniones adhesivas, etc.

En este capítulo se estudiarán las diferentes formas de uniones de piezas y conjuntos, relacionando los tipos de uniones más idóneos según el resultado deseado, todo ello teniendo en cuenta las normas de Prevención de Riesgos Laborales y de protección al medioambiente.

2. Técnicas de unión y montaje

Los procesos de ensamblado son fundamentales en la industria por las siguientes razones:

- Tecnológicamente, es casi imposible manufacturar productos que estén formados exclusivamente por una pieza.
- Resulta más económico realizar productos como componentes individuales y posteriormente ensamblarlos.
- Algunos elementos, como es el caso de motores de automóviles, se diseñan para poder ser desmontados a la hora de reparar o realizar el mantenimiento.
- Puede resultar más sencillo y económico transportar el producto en componentes individuales para su posterior ensamble, que transportar el producto de forma completa hasta el lugar de destino; es el caso de grandes estructuras metálicas.

Podemos clasificar los procesos de unión en tres categorías fundamentales:

- Unión soldada.
- Unión mediante adhesivos.
- Unión mecánica.

En el siguiente esquema podemos observar una clasificación de forma resumida de los distintos procesos de unión que podemos encontrar en la industria:

Unión es un término generalmente usado para soldadura y adhesivos, mientras que a las uniones de piezas mediante métodos mecánicos se le denomina ensamble.

La soldadura es un proceso de unión de materiales en el cual se funden las superficies de contacto de dos o más piezas mediante la aplicación de calor y/o presión.

El pegado adhesivo es un proceso de unión, generalmente a través de un compuesto químico, en el cual se usa un material de relleno para mantener juntas varias piezas mediante la anexión superficial.

En el ensamble mecánico se usan diferentes métodos de sujeción para sostener juntas dos o más piezas de forma mecánica, generalmente se usan tornillos, pernos, tuercas, remaches, cremalleras, etc.

La tabla siguiente muestra una comparación de los diversos métodos de unión que encontramos en la industria, así como el método más idóneo según el caso:

Método	**Soldadura por arco**	**Soldadura por resistencia**	**Soldadura fuerte**	**Tornillos y tuercas**	**Remachado**	**Adhesivos**
Resistencia	Alta	Alta	Alta	Alta	Alta	Baja
Variación de forma	Baja	Baja	Nula	Baja	Baja	Nula
Pequeños elementos	No se recomienda	Aceptable	Aceptable	No se recomienda	No se recomienda	Aceptable
Grandes elementos	Aceptable	Aceptable	Aceptable	Aceptable	Aceptable	No se recomienda
Tolerancias	Deficiente	Deficiente	Deficiente	Aceptable	Muy buena	Deficiente
Fiabilidad	Muy buena	Baja	Muy buena	Muy buena	Muy buena	Aceptable
Facilidad de mantenimiento	Media	Baja	Baja	Alta	Baja	Baja
Coste	Medio	Bajo	Alto	Alto	Medio	Medio

Nota

La tabla anteriormente estudiada es solo orientativa; cada unión ha de ser estudiada y según su aplicación elegir la más conveniente.

3. Uniones fijas, soldadas, prensadas, remachadas, por zunchado y anclajes

Se puede decir que una unión fija es aquella que no puede desmontarse sin que alguna de las piezas que la componen se rompa o deteriore. Este tipo de uniones generalmente son de gran resistencia y se emplean para unir conjuntos que no se prevén desmontar.

Los tipos de uniones fijas más empleadas en las operaciones de montaje de conjuntos mecánicos son las siguientes:

- Soldadas.
- Prensadas
- Remachadas
- Por zunchado
- Anclajes

3.1. Uniones soldadas

Son el tipo de uniones fijas más usuales. La operación de soldadura consiste en unir dos piezas metálicas aplicando un aporte de material y calor hasta que llegan a fundirse, de esta forma la unión se produce por la mezcla de parte del material de una pieza con la otra, o bien por el material que se añade, que puede ser estaño, metal, etc.

Las uniones soldadas más usuales que se emplean en las operaciones de montaje son:

- Soldaduras blandas.
- Soldaduras duras.
- Soldaduras eléctricas.

Soldadura blanda

Es un tipo de soldadura que no resiste grandes esfuerzos ni temperaturas muy elevadas, ya que la fusión del material se realiza a menos de 400 ºC. El material de aportación empleado para este tipo de soldaduras es el estaño y el plomo.

Este tipo de soldadura se puede realizar de dos formas:

- Con lámparas de gas: se utiliza para unir piezas de gran tamaño, como por ejemplo tuberías o placas metálicas, ya que la llama aporta gran calor para que se calienten lo suficiente las piezas a unir y se pueda fundir el plomo-estaño.

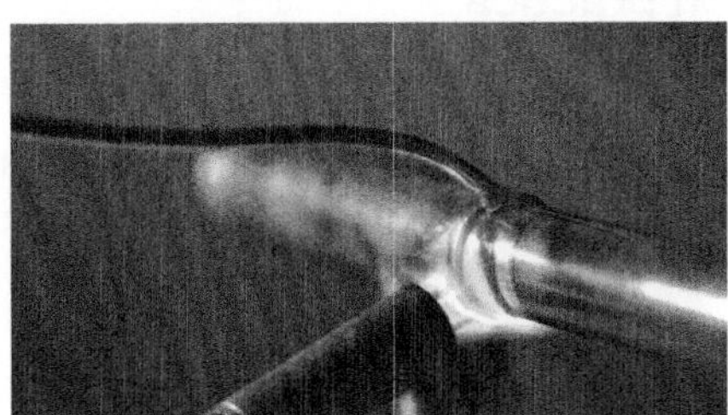

- Con soldador eléctrico: se utiliza para unir piezas de pequeño tamaño, como cables y materiales eléctricos, ya que el punto de calor se centra en la punta del soldador.

El procedimiento para realizar una soldadura blanda será el siguiente:

- Limpiar las superficies que se van a soldar con desengrasantes o disolventes.
- Lijar las superficies con lija abrasiva, preferentemente con granulado fino.
- Aplicar decapante para soldaduras en las superficies a unir, ya que facilitará el proceso de soldado.

- Calentar las partes a soldar y añadir el metal de aportación, hasta que quede fundido y extendido por toda la superficie que se vaya a soldar.
- Dejar que se enfríe la soldadura a temperatura ambiente y eliminar en caso necesario el material sobrante.

Aplicación práctica

Usted está trabajando con una taladradora y de repente deja de funcionar. Tras examinarla se da cuenta de que en la caja de contactos eléctricos tiene un cable suelto. ¿Cómo deberá actuar?

SOLUCIÓN

En primer lugar deberá cortar el suministro eléctrico de la taladradora para evitar accidentes. Después deberá practicar una soldadura blanda del cable con un soldador y estaño.

Tenga en cuenta que si es una placa impresa deberá estar el soldador aplicando calor el menor tiempo posible para no causar daños, además deberá prever que no caiga el estaño sobrante en zonas que pueda dañar.

Soldadura fuerte

Este tipo de soldadura se emplea para uniones que pueden resistir esfuerzos y temperaturas elevadas, ya que la temperatura de fusión del metal de aportación oscila entre los 500 °C y los 900 °C. El material empleado como aporte para este tipo de soldaduras son aleaciones de aluminio, plata y latón.

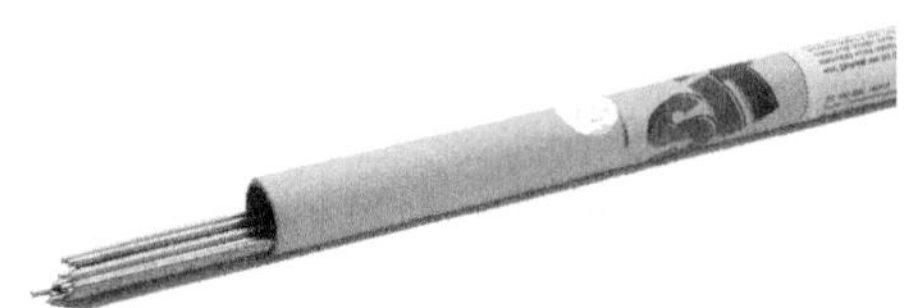

Este tipo de soldadura se realiza con soplete oxiacetilénico, que aporta gran cantidad de calor para realizar la fundición. Consiste en generar una llama de gran temperatura gracias a la combustión del gas acetileno y el oxígeno que actúa como comburente. Estos gases se suministran en botellas de acero que contienen unos manorreductores para regular la presión de los gases que irán a través de unas mangueras hasta el soplete que contiene las llaves de paso con las que se regulará la cantidad de gas que va a intervenir en la llama.

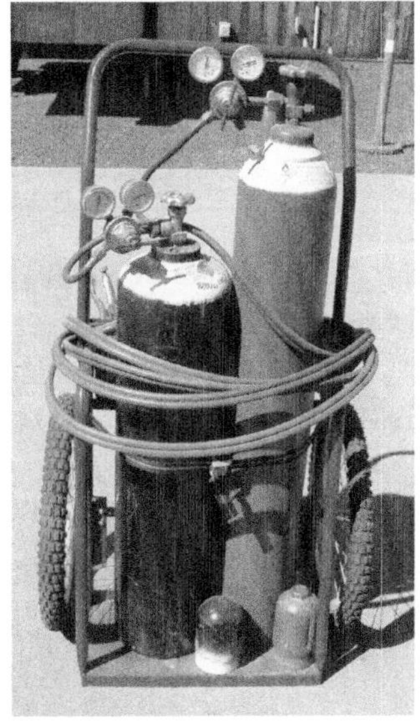

Equipo de soldadura oxiacetilénica compuesto por una bomba de acetileno, una bomba de oxígeno, manómetros y quemador

Sabía que...

Con una correcta graduación, la llama del soplete oxiacetilénico es capaz de alcanzar temperaturas de más de 3.000 °C.

El procedimiento para realizar una soldadura con soplete oxiacetilénico será el siguiente:

- Limpiar las superficies que se van a soldar con desengrasantes o disolventes.
- Lijar las superficies con lija abrasiva, preferentemente con granulado fino.
- Aplicar fundente a la varilla de metal que se va a utilizar como material de aportación, ya que facilitará la soldadura.
- Calentar con el equipo oxiacetilénico las piezas a soldar y acercar la varilla fundiendo el metal.
- Dejar enfriar y limpiar la soldadura en caso necesario.

Soldaduras eléctricas

Este tipo de soldaduras se basan, con la ayuda de la electricidad, en alcanzar grandes temperaturas que provoquen la fusión de los metales.

Las soldaduras eléctricas se pueden clasificar en dos grandes grupos atendiendo a la forma con la que se realiza la fusión del material:

- Por arco voltaico.
- Por resistencia.

Por arco voltaico

Consiste en generar un arco voltaico entre la pieza a soldar y un electrodo que contiene el equipo de soldadura. De esta forma se genera la alta temperatura capaz de fundir el material.

Los equipos de soldadura por arco voltaico más usuales son:

Por electrodo revestido

El metal de aportación se genera fundiendo un electrodo gracias a una temperatura superior a 3.500 °C que genera el arco eléctrico. En este tipo de soldadura se crea una escoria procedente del revestimiento del electrodo que se deposita en la soldadura, la cual debe ser eliminada aplicando unos impactos con un martillo.

El equipo de soldadura está compuesto por una fuente de alimentación regulable, una pinza portaelectrodos, una pinza de masa y cableado de conexión.

El procedimiento para realizar una soldadura con este equipo será el siguiente:

- Limpiar las piezas a soldar con desengrasantes o disolventes.
- Seleccionar el tipo de electrodo adecuado.
- Colocar la pinza de masa cerca de la parte a soldar y asegurar un buen contacto.
- Ajustar la intensidad de la fuente de alimentación teniendo en cuenta el tipo de electrodo y material que se va a soldar.
- Calentar el electrodo en una placa de metal para pruebas.
- Realizar la soldadura desplazando el electrodo de forma uniforme y en zig-zag si se quiere realizar un cordón de soldadura ancho.
- Una vez se haya enfriado la soldadura, realizar la limpieza de la escoria.

Soldadura MIG/MAG

La soldadura MIG/MAG consiste en generar un arco voltaico entre la pieza a soldar y un alambre o electrodo. De esta forma se consigue la temperatura suficiente para la fusión y aportación del material. A diferencia de la soldadura por electrodo revestido, el alambre-electrodo se encuentra en bobinas dentro del cuerpo de la máquina y es impulsado de forma automática mediante un sistema de tracción, y este sale por la pistola de soldadura.

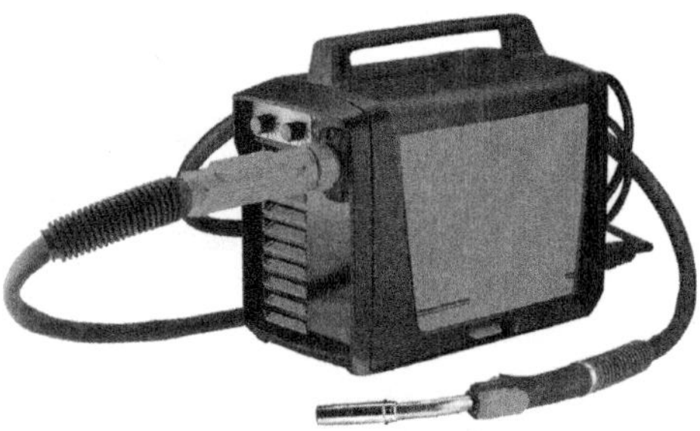

Equipo de soldadura con atmósfera protectora de gas (MIG/MAG)

La protección de la soldadura se consigue mediante la aportación de gas que puede ser dióxido de carbono, helio o argón, dependiendo del modelo del equipo.

Sabía que...

La soldadura se protege con gas para que no se produzca la oxidación del material de aportación debido a las altas temperaturas propias del proceso, de forma que se obtenga un cordón de soldadura sano.

El equipo de soldadura está compuesto por una fuente de alimentación, una pinza de masa, una botella de gas con manorreductor, mecanismo de alimentación del alambre y pistola de soldadura.

Equipo de soldadura con atmósfera protectora de gas (MIG/MAG)

El procedimiento para realizar una soldadura con este equipo será el siguiente:

- Limpiar las piezas a soldar con desengrasantes o disolventes.
- Ajustar los parámetros de la máquina (tensión, velocidad y caudal del gas) a los niveles deseados.
- Realizar un punteo de las piezas con la pistola ligeramente inclinada.
- Soldar las piezas por completo moviendo la pistola de soldadura suave e uniformemente.

Soldadura TIG

La soldadura TIG consiste en generar un arco voltaico entre la pieza a soldar y un electrodo de tungsteno que no es consumible. De esta forma se genera una altísima temperatura capaz de realizar la fusión de los metales que se van a soldar.

Al igual que en el caso anterior, a la hora de soldar se protegerá la soldadura mediante un gas, generalmente argón o helio.

Nota

Lógicamente si se desea realizar una soldadura con aportación de material, se realizará con varillas de metal.

El equipo de soldadura está compuesto por una fuente de alimentación, una pistola con electrodo y el sistema de alimentación del gas.

El procedimiento para realizar una soldadura con este equipo será el siguiente:

- Limpiar las piezas a soldar con desengrasantes o disolventes.
- Ajustar los parámetros de la máquina a los niveles deseados.
- Aproximar el electrodo unos 3 mm a la zona donde se va a realizar la soldadura para generar el arco eléctrico.
- Separar el electrodo unos 5 mm y realizar movimientos circulares para que se produzca la fusión del material.
- En caso necesario realizar el aporte de material.

Por resistencia

La soldadura por resistencia consiste en generar calor mediante el paso de la electricidad por las superficies a soldar; de esta forma se produce la fusión del material. El sistema más utilizado es la soldadura por puntos.

Soldadura por puntos

La soldadura por puntos consiste en unir dos chapas de metal y mediante dos electrodos se hace circular corriente alterna entre 5 y 20 voltios a alta intensidad, consiguiendo así metal fundido en la zona de la soldadura.

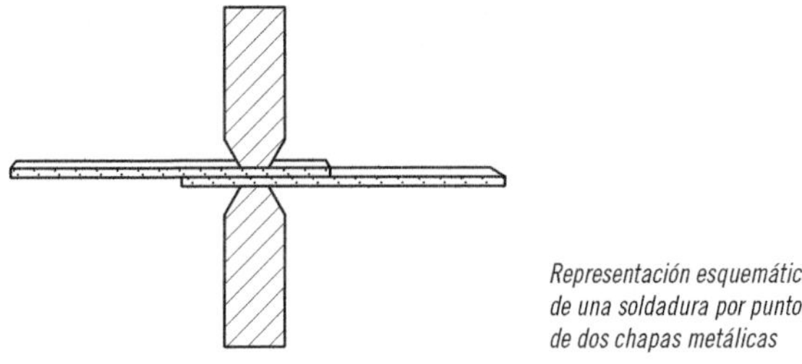

Representación esquemática de una soldadura por puntos de dos chapas metálicas

Generalmente estos equipos disponen de sistemas neumáticos que ejercen presión entre los electrodos, permitiendo así la sujeción de las chapas a soldar.

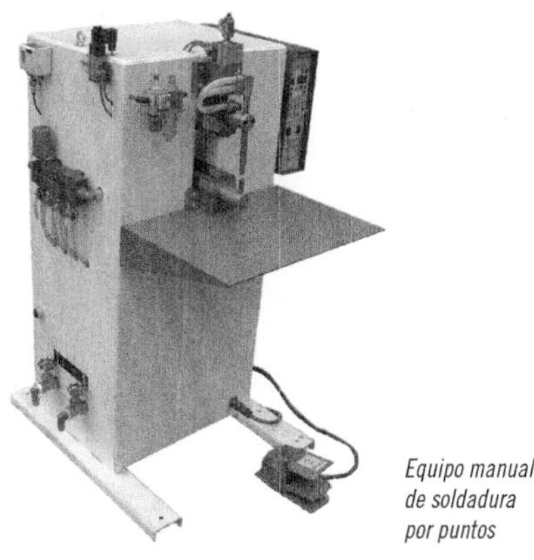

Equipo manual de soldadura por puntos

El procedimiento para realizar una soldadura con este equipo será el siguiente:

- Limpiar las piezas a soldar con desengrasantes o disolventes.
- Seleccionar el electrodo más conveniente teniendo en cuenta la chapa a soldar.
- Realizar el ajuste de intensidad y tiempo de duración a los niveles deseados.

Aplicación práctica

Usted está realizando una soldadura de dos placas de acero con un equipo de soldadura por electrodo revestido y quiere garantizar la unión realizando un cordón de soldadura ancho. ¿Cómo debe proceder?

SOLUCIÓN

Deberá realizar la soldadura moviendo el electrodo en forma de zigzag o de espiral al mismo tiempo que avanza la soldadura.

3.2. Uniones prensadas

Las uniones prensadas son las que se realizan para unir piezas mediante un ajuste a presión (piezas que encajan perfectamente debido a que tienen la misma medida) o bien mediante un ajuste forzado (las piezas están mecanizadas ligeramente a una medida distinta para que el encaje se tenga que realizar a presión).

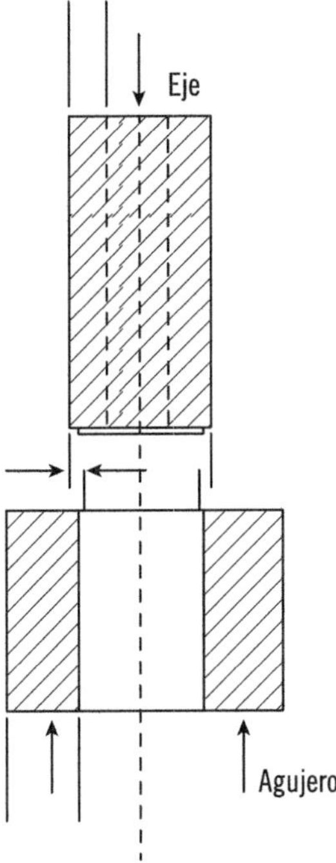

Representación esquemática de una unión mediante presión entre un eje y su alojamiento

Nota

En el ajuste forzado normalmente el mecanizado de mayor tamaño se realiza en el "eje" para que sea introducido a presión en el "agujero".

Las uniones prensadas producen fijaciones sólidas y seguras frente a vibraciones, por lo que se suelen utilizar para piezas giratorias como cojinetes en ejes, rotores de turbinas, etc.

Los sistemas de ajustes a presión que se emplean en el montaje de conjuntos mecánicos son:

- Ajustes a presión longitudinales: las piezas se unen mediante una fuerza axial. El proceso se realiza a temperatura ambiente y sirve para ensamblar piezas relativamente pequeñas. En el caso en que se ensamblen piezas de acero se aconseja el uso de lubricantes para minimizar la fricción, mientras que si se ensamblan piezas de distinto material pueden unirse en seco.

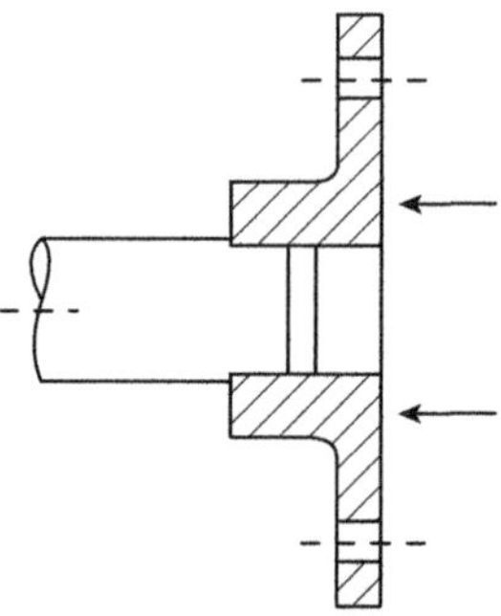

- Ajustes a presión transversales: en este sistema se emplean cambios de temperatura para conseguir la contracción o dilatación de las piezas; de esta forma se varía el tamaño del "eje", del "agujero" o de ambos, variando su tamaño y consiguiendo así ensamblar ambas piezas. Una vez pase la acción térmica las piezas volverán a su tamaño natural y se contraerán presionándose fuertemente la una contra la otra, de esta forma quedarán firmemente ensambladas.

Sabía que...

Las uniones a presión transversales se utilizan para unir la biela y el pistón de un motor mediante un émbolo.

El ensamblado de estas piezas, generalmente se realiza mediante prensas hidráulicas que son capaces de ejercer gran esfuerzo, por lo que suelen ser pesadas y de gran tamaño. Su mecanismo de funcionamiento puede ser bien manual, ejerciendo presión sobre una palanca, o eléctrico. Debido a los grandes esfuerzos que son capaces de realizar, llevan manómetros que indican la presión que se está ejerciendo.

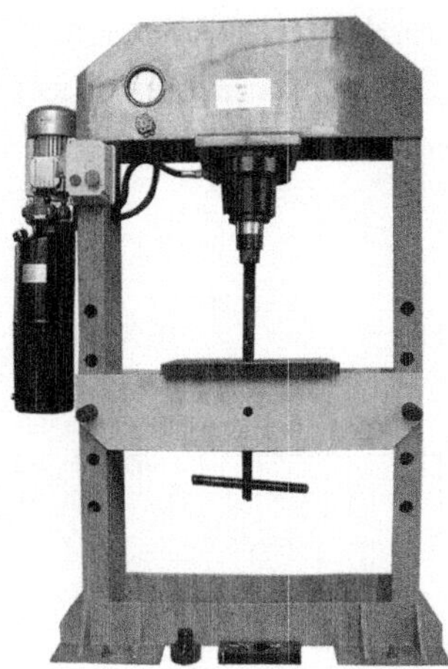

Prensa hidraúlica

Aplicación práctica

En la cadena de montaje en la que se encuentra trabajando tiene que insertar un rodamiento en el eje de un motor. ¿Qué tipo de ajuste deberá realizar?

SOLUCIÓN

Deberá realizar una unión prensada con un ajuste longitudinal, ya que no es necesario el empleo de calor para este tipo de uniones.

3.3. Uniones remachadas

El remachado es una operación de montaje de conjuntos que consiste en unir dos piezas mediante remaches o roblones. Este tipo de unión se suele utilizar en láminas o chapas de pequeño espesor que no se prevén desmontar.

Para unir dos chapas o pletinas mediante el remachado, estas deben tener unos orificios en los que se introducirá un remache o roblón. El proceso consiste en ejercer presión en los extremos del remache quedando este ensanchado por sus extremos y manteniendo así la presión sobre las chapas o pletinas, realizando la unión entre ambas.

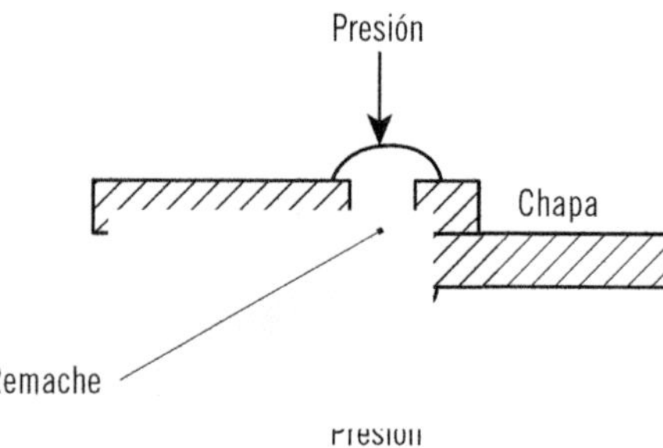

Un remache consiste en un vástago de forma similar a un tornillo y que contiene en una de sus puntas una cabeza generalmente esférica. En el otro extremo una vez se realice el remachado se formará otra cabeza que hará de sujeción entre las partes remachadas. Los remaches pueden ser de distintos materiales dependiendo de su utilidad. Pueden ser de acero, aluminio, cobre, etc. Y de distintos tamaños y diámetros.

La diferencia entre realizar un remachado o un roblonado es que en el remachado se utilizan remaches de pequeño diámetro y el proceso se realiza en frío, mientras que el roblonado utiliza remaches de mayor tamaño (roblones) que, una vez introducidos entre las chapas a unir, se calientan hasta alcanzar la temperatura suficiente para ser moldeados. Cuando se enfrían se contraen ejerciendo presión sobre las chapas unidas.

Existen diferentes tipos de remaches; dependiendo del proceso de fijación estos pueden ser:

- **De tracción:** este tipo de remache se utiliza en zonas donde solo se tiene acceso a una de las partes a unir. Está formado por el cuerpo del remache y por un vástago. El cuerpo del remache es hueco y en su interior contiene el vástago con una cabeza que hace de tope con el remache. El diseño consiste en tirar del vástago provocando el ensanchamiento del remache por su parte trasera. Una vez ejercida la presión suficiente, el vástago se rompe por una zona que está debilitada para tal fin. Existen de diferentes tamaños, diámetros, tamaño del ala, etc.

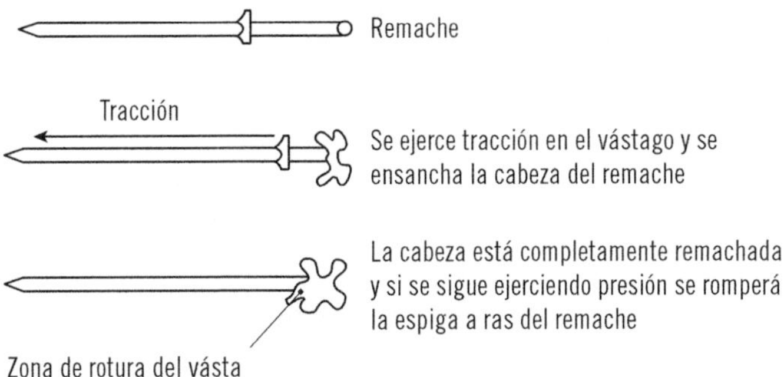

- **De compresión:** este tipo de remache se utiliza cuando son accesibles los dos lados de la unión. Pueden adoptar diferentes formas dependiendo del tipo de cabeza y cuerpo (redonda, avellanada, hueco, entero, cabeza embutida, etc.).

El proceso de **remachado con remaches de tracción** se realiza mediante una remachadora y ejerciendo presión manual.

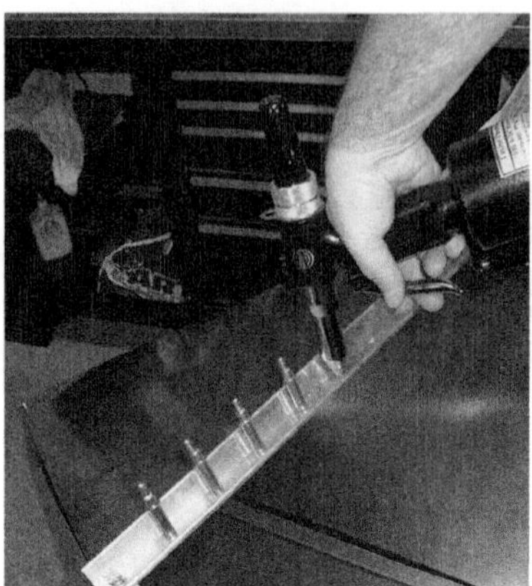

El proceso del **remachado con remaches de compresión** se puede realizar de forma manual con la ayuda de un martillo, una buterola y una sufridera, aunque hoy en día existen máquinas eléctricas y neumáticas en las que se puede controlar la velocidad y fuerza del remachado, asegurando así la calidad de la unión.

Remachadora eléctrica de tracción

Ejercicio práctico

Con un taladro y una broca de 5 mm, realice varios orificios en dos chapas de acero. Realice el ensamblaje de las chapas mediante remaches de tracción y de compresión.

3.4. Uniones por zunchado

La técnica del zunchado es un tanto parecida a los ajustes a presión transversales vistos en las uniones prensadas. Consiste en colocar una cinta metálica flexible alrededor de uniones de conjuntos. Esta cinta se calienta para que se dilate, consiguiendo que aumente su tamaño, y al enfriarse se contrae, quedando así una unión fija.

Otra forma de unión por zunchado se puede realizar mediante el enfriamiento de la pieza. Este sistema se emplea en las uniones de piezas "eje-agujero" y consiste en enfriar la pieza "eje" a muy bajas temperaturas sumergiéndola en nitrógeno líquido. De esta forma se produce una contracción del material disminuyendo su medida. Seguidamente se produce la unión del conjunto, que una vez alcance la temperatura ambiente se dilatará, consiguiendo así una unión firme y definitiva.

Esta técnica de enfriamiento se utiliza en conjuntos que no admiten altas temperaturas y en los que no se puede realizar la técnica de aplicación de calor, además mantiene la estructura de los metales proporcionando el mayor apriete posible.

La técnica del zunchado tiene la ventaja que es rápida de realizar, por lo que se utiliza en cadenas de montaje de encasquillado, sectores de automoción, etc.

Dos componentes unidos mediante zunchado

3.5. Uniones por anclajes

Las uniones por anclajes son muy variadas. Existen diferentes modelos dependiendo de la función a realizar y el conjunto a ensamblar. Este tipo de unión se suele utilizar con gran frecuencia en cadenas de producción gracias a la rapidez con la que pueden hacerse.

El diseño de un anclaje metálico puede variar en función del tipo de sujeción y de las fuerzas a las que va ser sometido, normalmente suelen ser por expansión y contracción y por retención.

El diseño y mecanizado de un anclaje de contracción y expansión consiste en fabricar las piezas de forma "macho y hembra" con forma cónica para que favorezcan el ensamble, y con un sistema de retención mediante patillas que impidan el desmontaje; de esta forma ejerciendo presión encajarán una en la otra, obteniendo una unión fija y rápida de realizar.

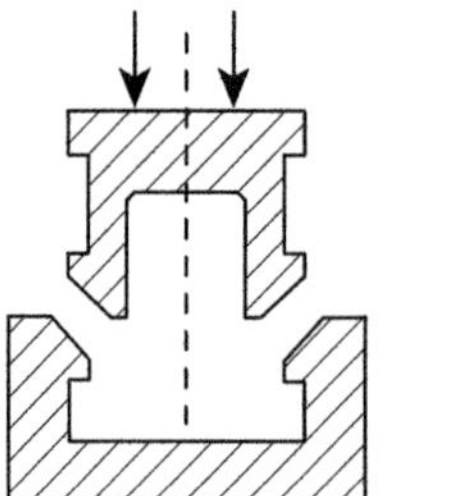

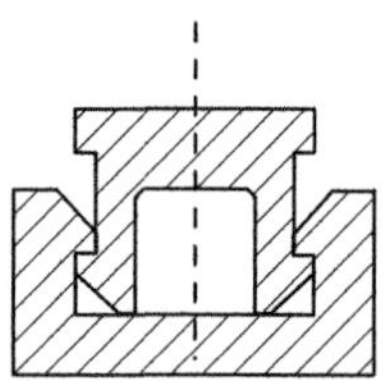

Otro sistema de fijación mediante anclaje es el sistema de montaje de anillos de retención. El sistema consiste en anillos metálicos que tienen una tensión, con lo que tienden a estar cerrados o abiertos según modelo.

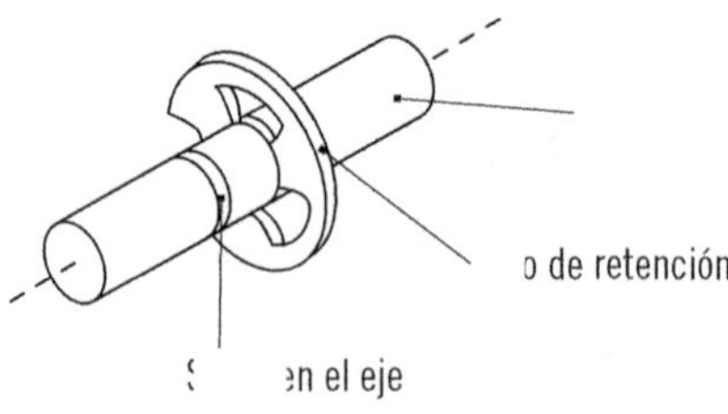

Nota

De esta forma el anillo o clip encaja en una ranura, quedando sujeto y llegando a realizar la unión del conjunto.

Este tipo de unión en la mayor parte de los casos está preparada para ser ensamblada mediante un golpe seco; de esta forma se produce la apertura o cierre del anillo dentro del conjunto que se está ensamblando y cuando encaja en la ranura destinada a realizar la sujeción vuelve a su estado natural, realizando la fijación del conjunto.

Mesa de trabajo con herramientas de sujeción e impactos, propias para realizar uniones por anclaje mediante impacto.

4. Uniones adhesivas

El uso de adhesivos, o comúnmente llamados pegamentos, data de épocas antiguas donde se usaban para el ensamble y pegado de la madera. En Egipto comenzó a usarse la goma del árbol acacia y en la antigua Asia Menor, el betún natural como cemento o mortero en construcción. Los romanos utilizaban alquitrán de madera de pino y cera de abejas en sus embarcaciones.

?

Sabía que...

El pegado fue probablemente el primero de los métodos de unión permanente empleado en la antigüedad. Su uso estaba comercializado desde Asia hasta África y posiblemente los romanos introdujeron muchas de sus variedades naturales en la Península Ibérica.

En la actualidad los adhesivos tienen un amplio rango de aplicaciones de pegado y sellado para unir materiales similares y diferentes, como metales, madera, plásticos, cerámica, papel y cartón.

4.1. Definición

Al proceso de unión entre dos o más partes de forma permanente a través de resinas o polímeros se le denomina *pegado adhesivo.*

Es una sustancia no metálica, generalmente un polímero que une dos superficies adherentes, cuyas características de unión fundamentalmente dependen del compuesto adhesivo utilizado.

Contrachapado de madera

Los adhesivos más utilizados hoy en día en la industria son los **adhesivos estructurales,** capaces de formar uniones fuertes y permanentes entre piezas rígidas. Existe una gran cantidad de adhesivos disponibles comercialmente, cuyo proceso de curado se realiza mediante distintos mecanismos.

El curado es el proceso mediante el cual se modifican las propiedades físicas del adhesivo de líquido a sólido, por lo que esta reacción del polímero produce la unión entre las partes adherentes. La reacción química puede implicar una polimerización, condensación o vulcanización. También pueden usarse sustancias catalizadoras que activen la reacción del polímero.

Otros métodos para la activación del polímero pueden ser la aplicación de calor o presión en las partes a unir.

Al tiempo que necesita la reacción del adhesivo para producir una correcta unión de las piezas se le denomina **tiempo de curado,** el cual depende del tipo de adhesivo, variando desde unos segundos hasta varias horas.

4.2. Unión óptima con adhesivos

La resistencia de la unión en el pegado adhesivo está determinada por la resistencia de sujeción entre el propio adhesivo y las superficies adherentes.

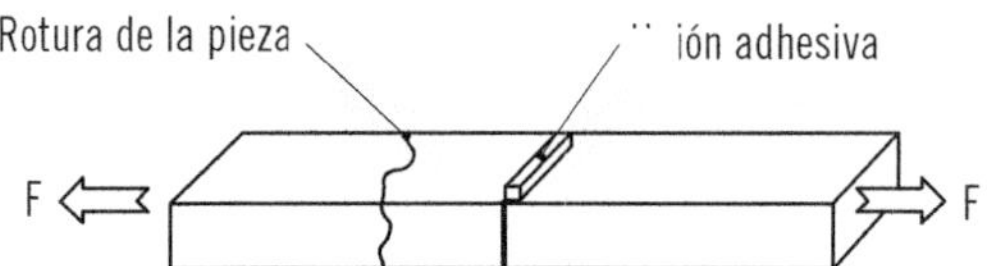

Nota

Uno de los criterios que se usa en la industria para comprobar el correcto pegado del adhesivo consiste en traccionar la unión hasta producir la rotura; si esta se produce en cualquiera de las partes menos en la unión, se dice que el adhesivo es idóneo para el proceso.

La resistencia de la unión depende de los siguientes mecanismos:

- **Unión química:** unión primaria después del endurecimiento.
- **Interacciones físicas:** fuerzas de unión secundarias entre los átomos de las superficies de cada pieza.
- **Entrelazado mecánico:** la tenacidad de superficie de las piezas adheridas provoca que el adhesivo endurecido se enrede con las asperezas superficiales.

Para que estos mecanismos de adhesión operen con mejores resultados, deben prevalecer las siguientes condiciones:

- Las superficies adherentes deben estar limpias, libres de películas de suciedad, aceite y óxido.
- Si el origen del adhesivo es líquido, se debe conseguir una completa humidificación de las superficies adherentes.
- Las superficies deben ser ligeramente ásperas, de forma que propicie el entrelazado mecánico.

Aplicación de adhesivo sobre un listón de madera para realizar una unión con otro componente

Solicitaciones de uso de un adhesivo

Algunos factores a los que puede estar expuesto un adhesivo son:

- Resistencia al desprendimiento (resistencia cortante).
- Tenacidad.
- Resistencia al impacto.
- Resistencia a diversos fluidos y productos químicos.
- Capacidad para humedecer las superficies a unir.
- Resistencia a la degradación ambiental.
- Resistencia al calor y a la humedad.
- Resistencia al desprendimiento.

Aplicación práctica

Realice una unión adhesiva, mediante cola blanca, de dos tablas de madera de pequeño espesor. Deje un tiempo de secado y, posteriormente, compruebe la resistencia de la unión. ¿Por qué piensa que es importante dejar un tiempo de secado tras aplicar el pegamento en una unión?

SOLUCIÓN

Los adhesivos son uniones de materiales a través de elementos químicos. Para que el adhesivo adquiera su máxima resistencia de fijación debemos esperar un tiempo determinado por el fabricante del adhesivo, para que se produzca la reacción y secado de sus componentes.

4.3. Diseño de uniones adhesivas

A la hora de realizar una unión adhesiva es importante tener en consideración los siguientes principios de pegado:

- Maximizar el área de contacto de la unión.
- Las uniones adhesivas son más fuertes ante el corte y la tensión, por lo que deben diseñarse para que se apliquen este tipo de esfuerzos.

- Deben evitarse uniones adhesivas en hendiduras o desprendimientos, ya que ante estos esfuerzos los pegados son más débiles.
- Pueden combinarse uniones adhesivas con otros métodos de unión, para incrementar la resistencia y el sellado de las partes unidas.

Sabía que...

A la unión mediante pegado adhesivo y soldadura por puntos se le denomina adhesivo soldado.

A continuación, se pueden observar varias imágenes con los diseños de unión típicos en la industria para el pegado adhesivo.

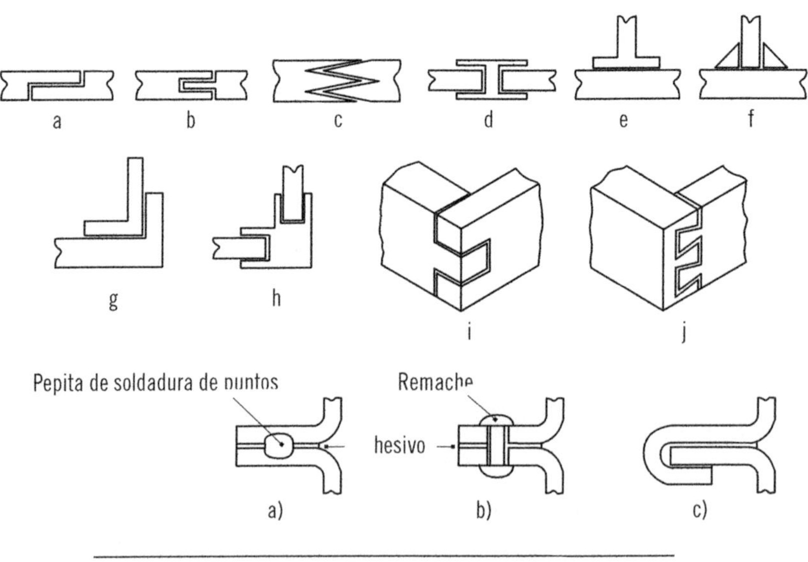

Pegado adhesivo combinado con otros métodos:
a) adhesivo soldado, con soldadura de puntos y pegado adhesivo
b) remachado (o atornillado) y pegado adhesivo
c) formado más pegado adhesivo.

4.4. Tipos de adhesivos

Actualmente existe una gran cantidad de adhesivos comerciales que proporcionan una resistencia adecuada a la unión; sin embargo, todos ellos se pueden clasificar en tres categorías:

- **Adhesivos naturales:** se obtienen directamente de las plantas o animales y apenas son tratados. Su resistencia es más bien baja y su uso está limitado a situaciones de poco esfuerzo, tales como el pegado de papel, cartulina, etc. En este apartado podemos encontrar las gomas, el almidón, harina de soya, colágeno, productos animales, etc.

Extracción de goma de un árbol

- **Adhesivos inorgánicos:** fundamentalmente basados en el silicato de sodio y el oxicloruro de magnesio. Aunque su coste es bajo, su utilización en la industria está limitada por su escasa resistencia.
- **Adhesivos sintéticos:** son los más utilizados en industria y cada vez más en el ámbito doméstico. Tienen resistencias importantes y sus aplicaciones son muy diversas tanto en la industria como en la vida cotidiana.

Sabía que...

El primer adhesivo sintético es el fenol formaldehído, inventado alrededor de 1910, y su uso principal fue en la industria maderera para producir contrachapado.

4.5. Adhesivos: pegamentos, colas, resinas, composites, polietilenos, poliuretanos, etc.

A continuación, se indican algunas aplicaciones de los adhesivos más utilizados en la actualidad:

- **Anaeróbicos:** son fáciles de usar, el tiempo de curado es lento y se realiza en ausencia de aire. No recomendado para superficies permeables, es ideal para uniones a temperatura ambiente como sellador o ensamble estructural. Algunas de sus aplicaciones son:
  - Partes para máquinas de ajuste.
  - Poleas.
  - Tuercas y tornillos.
  - Pasadores.

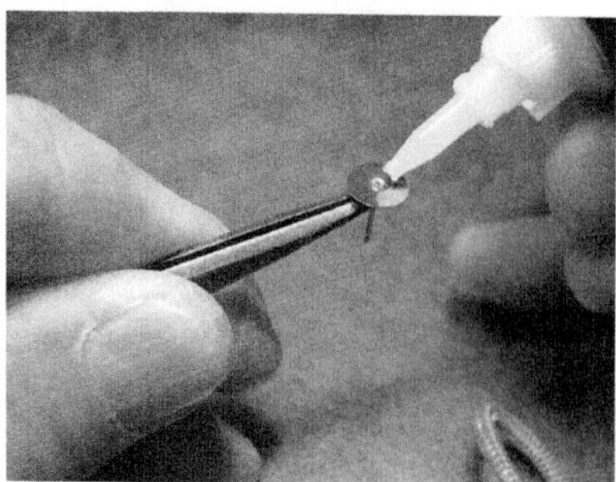

Aplicación de adhesivo sobre un componente de pequeño tamaño para realizar una unión adhesiva.

- **Acrílico:** formado por dos componentes, un acrílico y un endurecedor que se cura a temperatura ambiente después de la mezcla. Tiene una buena resistencia a los productos químicos e impactos. Requiere realizar la unión en una zona ventilada. Algunas de sus aplicaciones son:
  - Fibra de vidrio en embarcaciones.
  - Uniones en automóviles y aeronaves.
  - Unión de partes metálicas.
  - Raquetas de tenis.
  - Cinta de embalar.

- **Cianoacrilato:** adhesivo incoloro de curado rápido y a temperatura ambiente, fácil de usar. Algunas de sus aplicaciones son:
  - Componentes electrónicos.
  - Uniones en plásticos.
  - Uniones en cerámicas.

- **Epóxico:** realiza una unión tenaz y es el más fuerte de los adhesivos de ingeniería, con una alta resistencia al desprendimiento, a la humedad y a altas temperaturas. Se presenta en dos componentes por separado, los cuales deben ser unidos generando una mezcla homogénea para que comience el periodo de curado. Algunas de sus aplicaciones son:
  - Reparaciones en construcción.
  - Unión de láminas metálicas.
  - Laminado de vigas de madera.
  - Pegado de plásticos rígidos.

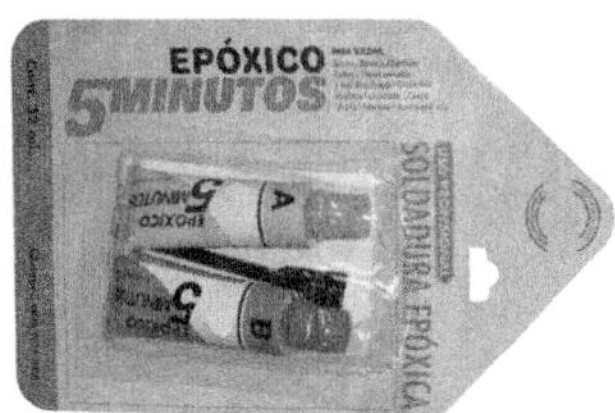

- **Material fundido:** endurece cuando se produce su enfriamiento, sirve tanto para uniones rígidas como flexibles, fácil de aplicar. Algunas de sus aplicaciones son:
  - Encuadernación de libros.
  - Empaques (envases, rótulos, etc.).
  - Calzado.

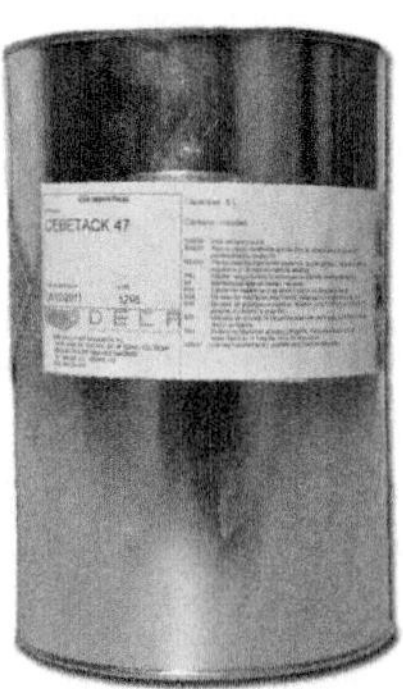

- **Cintas de presión:** formadas por un componente sólido de alta viscosidad que produce la unión cuando se aplica presión, pueden tener adhesivos a uno o ambos lados de la cinta. Algunas de sus aplicaciones son:

    - Cinta de carrocero.
    - Adhesivos.
    - Etiquetas.

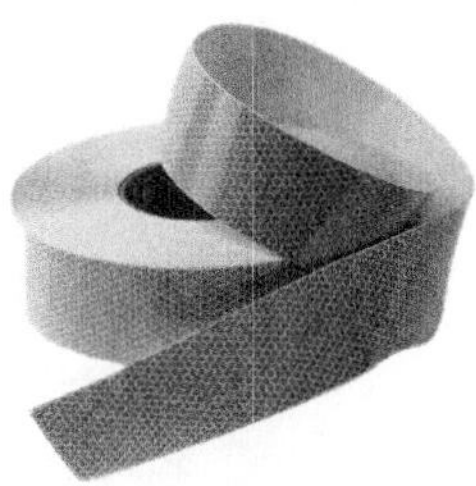

- **Silicona:** líquido basado en polímero de silicio que se cura a temperatura ambiente, posee una buena resistencia al impacto. Algunas de sus aplicaciones son:

    - Sellados.
    - Aislamientos.
    - Unión de plásticos.
    - Pegados de componentes electrónicos.

- **Uniones con formaldehídos:** resistente en uniones de madera, generalmente de bajo coste, uniones resistentes al agua. Algunas de sus aplicaciones son:
  - Contrachapados.
  - Uniones de madera (cola blanca).
  - Pegado de papel.
  - Tejidos.

Aplicación práctica

Usted es el jefe de la línea de producción de mandos para televisiones en la fábrica de televisores "Songyi". Para conseguir un ascenso, va a realizar un informe sobre los distintos adhesivos que pueden utilizarse en el montaje de un mando, indicando qué adhesivo utilizaría para la unión de cada componente y por qué.

SOLUCIÓN

Un mando a distancia es un aparato de componentes electrónicos, recubierto de una carcasa de plástico.

Continúa en página siguiente >>

<< Viene de página anterior

Para la unión de algunos elementos electrónicos que no tengan que ser necesariamente soldados podemos usar silicona como adhesivo, que resulta más económico. La carcasa puede ir atornillada o puede montarse mediante un adhesivo de secado rápido, como es el caso de los cianoacrilatos; sin embargo, si queremos reducir costes, se podría emplear silicona de endurecimiento rápido.

4.6. Preparación de la superficie

Para realizar una correcta unión adhesiva es necesario que las superficies de adhesión estén extremadamente limpias, ya que el grado de adhesión entre superficies depende del grado de limpieza de las mismas. En ocasiones a la hora de preparar las superficies para aplicar un adhesivo es necesario un proceso adicional de limpieza de estas:

- En metales se realiza un frotado previo con disolventes y un desgaste de la superficie a través de un breve lijado.
- En piezas no metálicas se utiliza un limpiador con disolvente y en ocasiones se desgasta la superficie de forma mecánica o química.

Importante

En el caso de materiales metálicos, el proceso de limpieza y aplicación del adhesivo debe ser lo más breve posible a fin de evitar la oxidación de la superficie y la acumulación de impurezas.

4.7. Métodos de aplicación de los adhesivos

La aplicación de los adhesivos en las superficies a unir se puede realizar de varias formas. Algunas de las técnicas que se pueden desarrollar en la industria son:

- **Aplicación con brocha:** se realiza de forma manual mediante una brocha de cerdas duras.
- **Aplicación por flujo:** mediante el empleo de pistolas de presión y de forma manual, se consigue un control más consistente que con la brocha.
- **Rodillos manuales:** consiste en aplicar el adhesivo con rodillos similares a los usados para pintar.
- **Serigrafía:** mediante la técnica de la serigrafía se consigue aplicar el adhesivo solo en las áreas seleccionadas.
- **Por aspersión:** se usa para la aplicación rápida de adhesivo en grandes superficies mediante una pistola de aire.
- **Aplicación automática:** mediante boquillas y dispersores automatizados se consigue la aplicación de adhesivos en producciones a velocidades medias y altas.

? Sabía que...

El primer uso a gran escala y desarrollo de las uniones adhesivas fue durante la Segunda Guerra Mundial (1939-1945) para el ensamble de diversos componentes en las aeronaves, debido a su bajo peso.

4.8. Ventajas y limitaciones de la unión mediante adhesivos

Algunas de las ventajas que se pueden encontrar en las uniones adhesivas son:

- Es una unión que puede ser aplicada a una gran diversidad de materiales.
- Permite la unión de piezas con distintas secciones o tamaños.

- Algunos adhesivos son flexibles, por lo que toleran diferencias térmicas en la unión.
- Se evitan daños a piezas con problemas de temperatura.
- Permite la obtención de un sellado además de la adhesión.

En cambio, en las uniones mediante adhesivo también se pueden encontrar ciertas limitaciones, entre las que se destacan:

- Generalmente no son uniones con la misma fuerza que se consigue mediante otros métodos.
- El adhesivo ha de ser compatible con los materiales que se van a unir.
- Las temperaturas de uso son limitadas.
- Las superficies deben estar muy limpias.
- Necesitan mayor tiempo de curado que otros procedimientos de unión.
- Dificultad a la hora de realizar una inspección de la unión.

Aplicación práctica

Trabajando en el taller usted ve a un compañero nuevo realizando de forma incorrecta la unión adhesiva de las distintas partes de un sofá. En este caso la estructura del sofá está realizada en aluminio. Explíquele cómo debería realizar las uniones y qué adhesivos tendría que utilizar.

SOLUCIÓN

El sofá tiene una estructura formada por aluminio que posteriormente será cubierta de tela, cuero o cualquier otro material de revestimiento.

Para realizar la unión de los distintos componentes en aluminio, vamos a utilizar un adhesivo epóxico especial para tal fin, de gran resistencia, que realice una unión fuerte entre sus partes. La zona a unir debe encontrarse limpia de suciedad antes de aplicar el adhesivo, e incluso lijar previamente la zona para facilitar la adhesión de los materiales y eliminar cualquier suciedad. Este adhesivo debe ser extendido con el dispositivo aplicador que nos proporciona el fabricante. Posteriormente deben afianzarse las zonas donde se ha aplicado el adhesivo, ejerciendo presión en la unión durante el secado de la misma.

4.9. Trabajar con adhesivos

Cuando las tareas de unión de piezas requieran el uso de adhesivos, es necesario tener en cuenta algunas actuaciones de modo que el proceso resulte seguro y se realice también de forma segura. Algunas actuaciones que se deben considerar son:

- Estudiar las piezas a unir, su geometría, funcionalidad y condiciones de trabajo y elegir la unión más conveniente.
- Identificar los materiales a unir y seleccionar un adhesivo compatible.
- Leer las instrucciones de uso y modo de empleo del adhesivo.
- Realizar la unión en una zona convenientemente ventilada.
- Utilizar guantes y ropa destinada para tal fin.
- Evitar elementos innecesarios en la zona de trabajo y cubrir la mesa o superficie de trabajo para evitar el deterioro de la misma.
- Limpiar de impurezas la zona a aplicar el adhesivo.
- Extender el adhesivo suficiente evitando excesos.
- Aplicar presión en las partes a unir para que el adhesivo realice correctamente su función.
- Asegurarse de la correcta unión y secado de las piezas antes de proceder al uso de las mismas.
- Una vez finalizado el proceso de unión con adhesivos es importante guardar debidamente el adhesivo para su posterior utilización; para ello hay que leer las condiciones de uso en la etiqueta.
- Los adhesivos son generalmente productos químicos, por lo que deben ser vertidos en contenedores especiales dedicados a tal fin o depositados en puntos limpios, y nunca hay que verterlos por el desagüe.
- No trabajar con adhesivos cerca de llamas, los adhesivos son productos inflamables.
- Cuidado con el uso de adhesivos cerca de sustancias químicas, ya que puede producirse una reacción y el desprendimiento de gases nocivos.

Importante

Para conseguir una unión sana y homogénea es fundamental limpiar de impurezas la zona a aplicar el adhesivo y extender el adhesivo suficiente evitando excesos.

Nota

La unión mediante el adhesivo se realiza de forma permanente una vez finalizado el proceso de curado; por tanto, antes de aplicar un adhesivo es imprescindible asegurarse de la unión a realizar. Una vez ejecutada la unión, puede ser dificultoso o prácticamente imposible realizar la separación de las partes.

5. Uniones desmontables: tipos y aplicaciones. Tornillos, tuercas, pernos, arandelas, pasadores, bridas, chavetas y lengüetas

Las uniones desmontables son aquellas que permiten desmontar y montar un conjunto sin dañar ninguna de las piezas que lo ensamblan.

Nota

Este tipo de uniones no ofrecen gran dureza en la unión; sin embargo, facilitan el acceso y por tanto la reparación de los conjuntos ahorrando el tiempo y los costes que tiene el quitar una unión fija.

Estas uniones se suelen utilizar en los siguientes casos:

- En piezas y partes de conjuntos que necesiten ser desmontadas con frecuencia para su sustitución o mantenimiento.
- En tapas de conjuntos, para facilitar el acceso a las zonas interiores.
- En los casos en que las características de los materiales a unir no permitan realizar una unión fija y no sea necesario una unión demasiado rígida. Puede ser el caso de una tapa de plástico en un conjunto metálico.

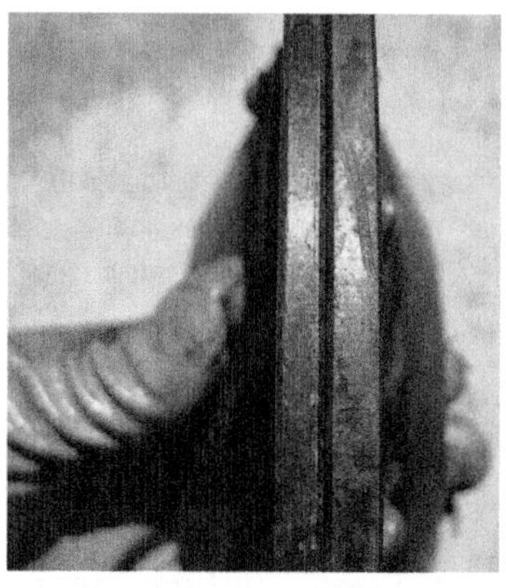

Unión desmontable de dos componentes mediante tornillo y tuerca

5.1. Tipos y aplicaciones de las uniones desmontables

Los tipos y aplicaciones de las uniones desmontables que se emplean en las operaciones de montaje de conjuntos mecánicos son muy variadas; no obstante, las más usuales son:

- Uniones atornilladas.
- Uniones grapadas.
- Uniones encajadas.
- Uniones articuladas.
- Uniones eléctricas.

Uniones atornilladas

Las uniones atornilladas son las uniones desmontables más usuales. Este sistema permite desmontar y montar piezas de una forma rápida y con una sujeción segura. El tipo de unión se puede realizar de las siguientes formas:

- **Mediante tuercas:** la parte fija del conjunto contiene un espárrago y la parte que se va a desmontar o montar se fija mediante una tuerca.

- **Mediante tornillos:** la parte fija del conjunto contiene una rosca y la parte que se va a desmontar o montar se fija mediante un tornillo.

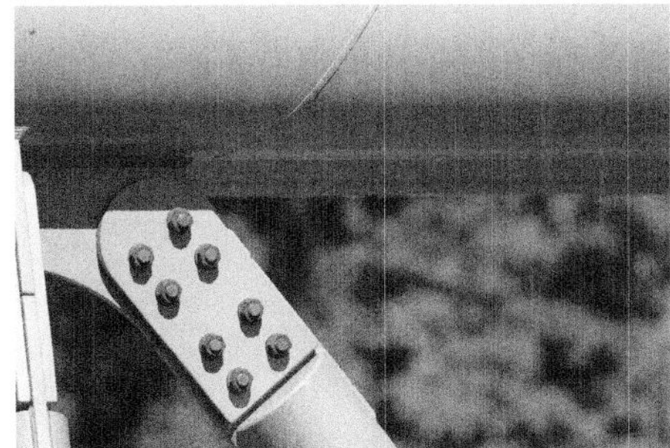

- **Mediante tornillos y tuercas:** las partes del conjunto que se van a ensamblar contienen tuercas y tornillos para su fijación.

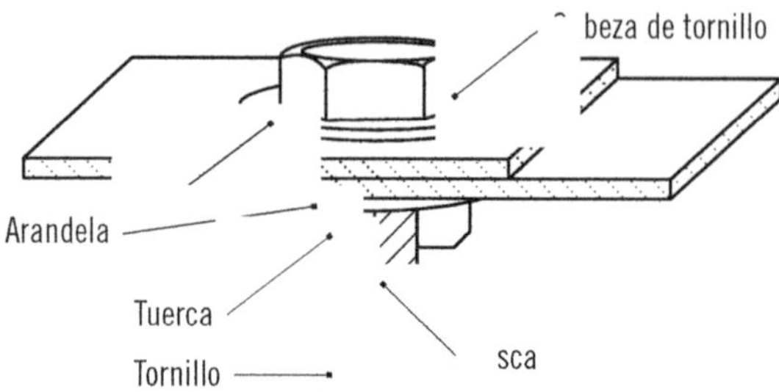

Existe una gran cantidad de tornillos y tuercas distintos, por lo que se deberá seleccionar el tipo más adecuado y que mejor se adapte al tipo de unión que se va a realizar, como tipo de material, cabeza, rosca, etc.

Otro factor a tener en cuenta en las uniones atornilladas es el apriete que va a necesitar la unión, por lo que siempre es aconsejable realizarlo con una llave dinamométrica. De esta forma se garantiza que el apriete sea el correcto.

Uniones grapadas

Las uniones grapadas son similares a las uniones fijas mediante anclajes, pero estas se diferencian en que el dispositivo que tiene la grapa se puede desmontar de forma fácil y sin rotura. Esto se consigue fabricando una grapa que tenga cierta elasticidad y pudiendo ser metálica o de plástico.

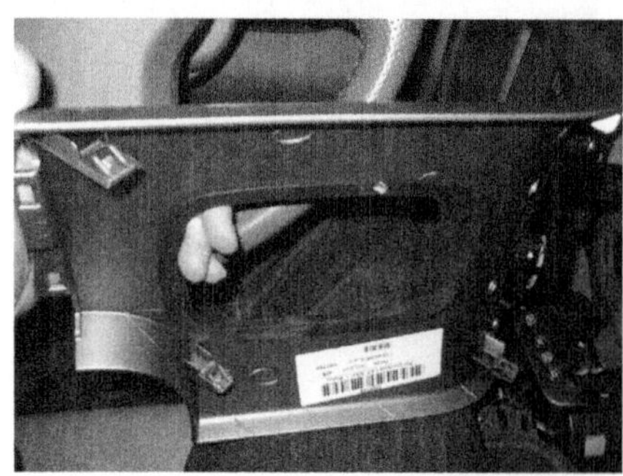

Este sistema se suele emplear para fijar tapas de maquinaria, embellecedores o acolchados generalmente de plástico.

Este tipo de unión es ideal en las cadenas de montaje, ya que el tiempo de montaje y desmontaje es muy rápido, basta con ejercer presión o dar un pequeño golpe para que encaje o bien tirar o ejercer una palanca para quitarlo.

Nota

La unión mediante grapas se realiza con gran rapidez; sin embargo, tienen el inconveniente de que no realizan una sujeción firme, ya que simplemente quedan encajadas sin realizar apriete, por lo que están indicadas para uniones que no estén sometidas a esfuerzos.

Uniones encajadas

Este tipo de unión desmontable es muy variado. Generalmente se utiliza para unir piezas en movimiento giratorias como cigüeñales, poleas, ruedas dentadas, etc.

Para realizar estas uniones se suele realizar un mecanizado en la pieza que sirva de guía para una chaveta o lengüeta que garantice la posición y la transmisión del movimiento. De esta forma la polea queda encajada en el eje que le va a transmitir el movimiento de rotación.

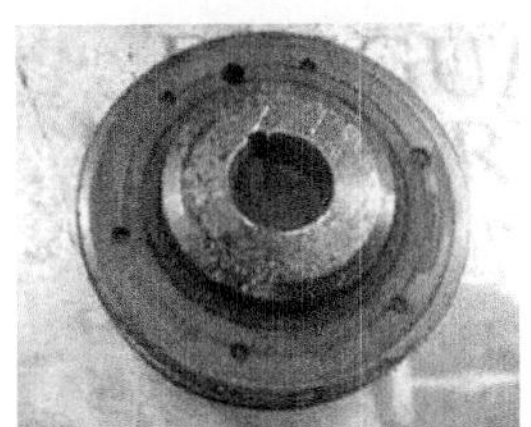

Uniones articuladas

Las uniones articuladas son aquellas que permiten movimientos entre las piezas que unen. Generalmente el sistema empleado es la unión mediante bisagras o pasadores que permitan el movimiento de giro. Por lo general, se utilizan en compuertas de máquinas, brazos articulados, etc.

Uniones eléctricas

Las uniones eléctricas se emplean para transmitir la electricidad a motores, interruptores, sensores, etc., que cada vez están más presentes en los conjuntos mecánicos. En el caso de que haya que desmontar o montar alguna de estas piezas, la conexión eléctrica se podrá desconectar mediante conectores de enchufe rápido.

Estos conectores tienen un sistema de terminales macho y hembra así como unas ranuras en el conector, con el fin de que solo se pueda encajar en la posición correcta.

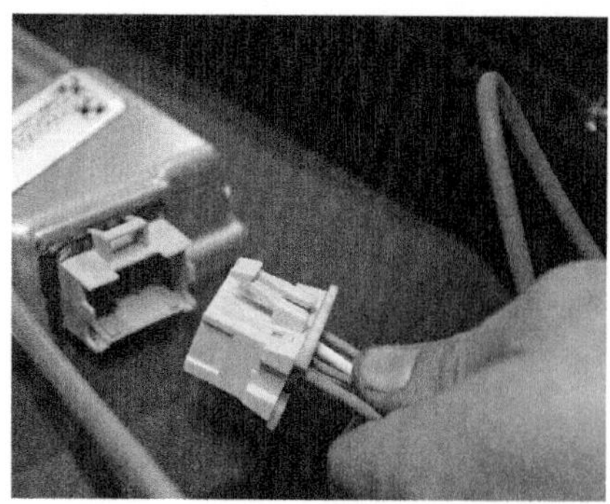

5.2. Elementos empleados en las uniones desmontables

Dependiendo del tipo de unión desmontable se utilizarán unos elementos u otros para la fijación. Estos varían en tamaño, material, forma, etc., por lo que hay que conocerlos para emplear el más indicado.

Los elementos más usuales empleados en las uniones desmontables son:

- Tornillos.
- Tuercas.
- Arandelas.
- Pernos.
- Pasadores.
- Bridas.
- Chavetas y lengüetas.

Tornillos

Los tornillos junto con las tuercas son los elementos más utilizados en las uniones desmontables. Un tornillo consta de las siguientes partes:

- **Cabeza:** es la parte superior del tornillo y sirve para realizar la fijación de la pieza con la ayuda de una arandela; y es la zona donde encaja la llave que realizará el apriete. Puede ser de diferentes formas (hexagonal, cabeza redonda, plana, etc.).
- **Cuello:** es la parte del tornillo que une la cabeza con la rosca.
- **Rosca:** es la parte que contiene los filetes que encajarán en la tuerca, permitiendo así que se pueda apretar o aflojar.

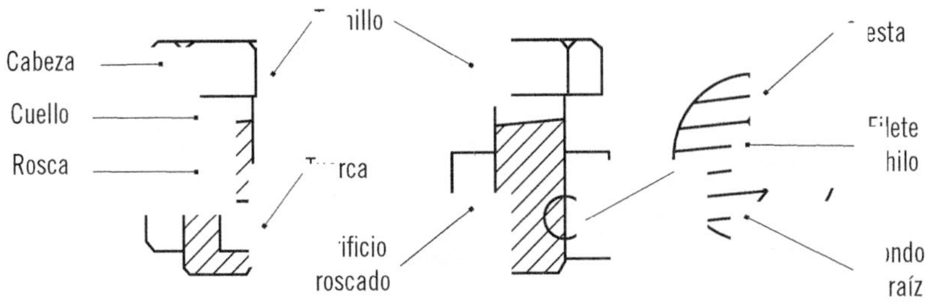

Los tornillos se fabrican de diferentes tipos de materiales. Los más usuales son de acero, que junto con diferentes aleaciones adquieren distintos grados de dureza. El grado de calidad que tiene un tornillo generalmente está indicado en la cabeza mediante una cifra, y cuanto mayor sea mayor dureza tendrá el tornillo, por lo que puede dar una idea al operario del apriete que puede soportar dicho tornillo.

Tornillo calidad 8.8.

En lo que a la rosca se refiere, pueden existir los tipos que se describen a continuación.

Rosca métrica

En la rosca métrica, el ángulo existente en la espiral es de 60°. Además, en tornillos la circunferencia de pie (base de la espiral) es redonda. Las medidas recogidas de un paso métrico se expresan en milímetros/diente.

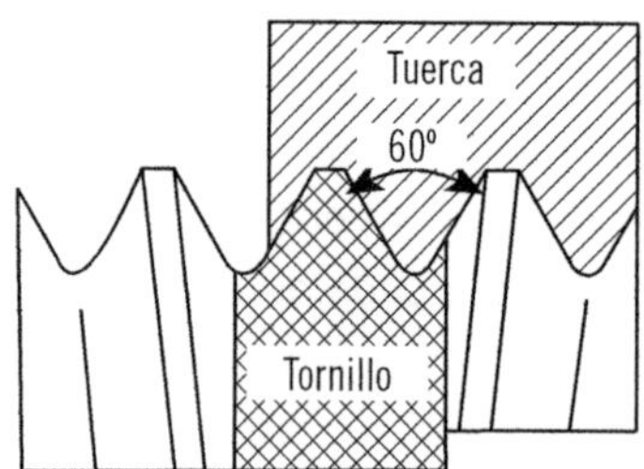

Rosca Whitworth

En la rosca Whitworth, el ángulo existente en la espiral varía con respecto a la rosca métrica. Mientras que en la métrica el ángulo era de 60°, en la Whitworth el ángulo es de 55°. En este tipo de rosca, tanto la base como la punta son redondeadas. Además, las medidas recogidas de un paso Whitworth se expresan en diente/pulgadas.

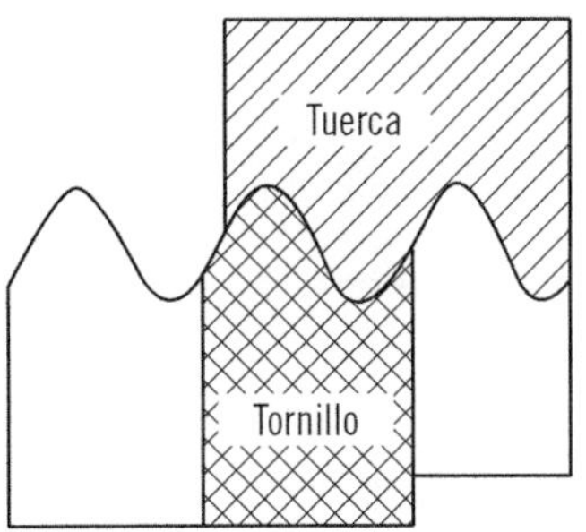

Roscas a derechas

Este tipo de roscas es el más habitual. El sentido de avance de la rosca toma su dirección de giro en sentido horario.

A la hora de apretar un tornillo, el sentido de giro será el mismo que toman las agujas de un reloj; mientras que si se afloja el tornillo, el sentido se invierte, siendo en este caso en sentido antihorario.

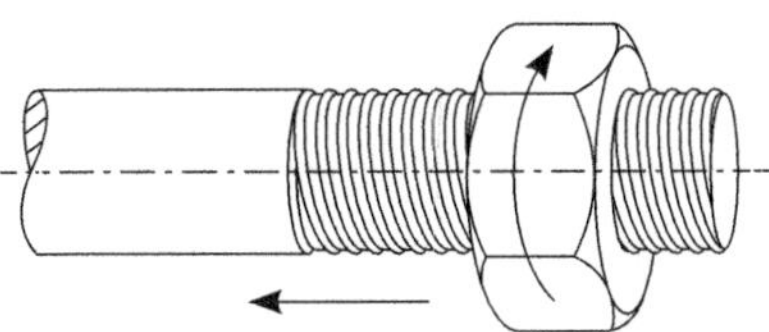

Roscas a izquierdas

En las roscas a izquierdas, el sentido de avance de la rosca toma su dirección de giro en sentido antihorario.

A la hora de apretar un tornillo, el sentido de giro será el contrario al que llevan las agujas de un reloj; mientras que si se afloja el tornillo, el sentido de giro será horario.

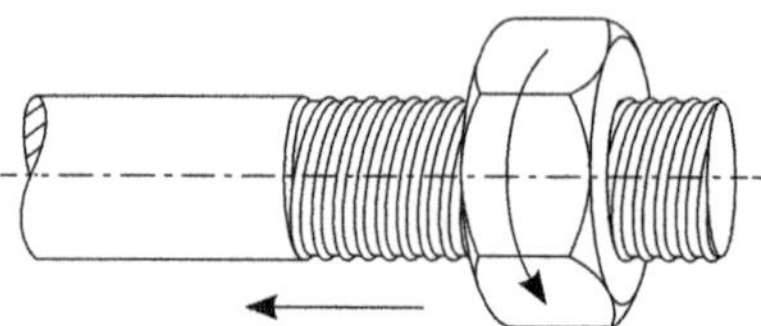

También existen diferentes tipos de tornillos además de los anteriormente explicados como los tornillos rosca chapa, rosca madera, autoperforantes, etc., que emplean roscas y cabezas especiales en función del tipo de piezas que van a unir.

Tuercas

Las tuercas son los elementos de unión que se utilizan junto con los tornillos. Están fabricadas de acero y tienen mecanizada interiormente una rosca para que encaje en el tornillo o perno; de esta forma al girarla a derechas o izquierdas apretarán o aflojarán la pieza que une.

La parte exterior de la tuerca tiene forma especial para que encaje la llave correspondiente; normalmente suele ser de tipo hexagonal.

Los tipos de tuercas más usuales son:

- **Hexagonales:** son las más habituales y su nombre viene de la cantidad de caras que tienen (6). Una variante de este tipo de tuerca son las rebajadas, que son de menor tamaño y se emplean como contratuercas.
- **De sombrerete:** son un tipo de tuerca que contiene una mayor base en la zona de contacto con la pieza. De esta forma se realiza una mayor distribución de la fuerza de apriete.
- **Autoblocante:** es un tipo de tuerca que contiene en la parte superior un engaste de plástico de un diámetro inferior al del tornillo, de esta forma los hilos de rosca del tornillo quedarán encajados en el plástico a presión, evitando así que se pueda aflojar la tuerca.
- **Almenada:** son tuercas que contienen en su parte superior unas ranuras de forma que puedan ser atravesadas por un pasador para poder fijar un tornillo que contiene un orificio dedicado a tal fin. De esta forma se impide que se pueda aflojar.

  Este tipo de tuercas se emplean en rótulas o articulaciones en las que se tenga que garantizar la sujeción.
- **Ciega:** es una tuerca que solo tiene un orificio, de esta forma quedaría de forma similar a un tapón. Se emplea en zonas decorativas.

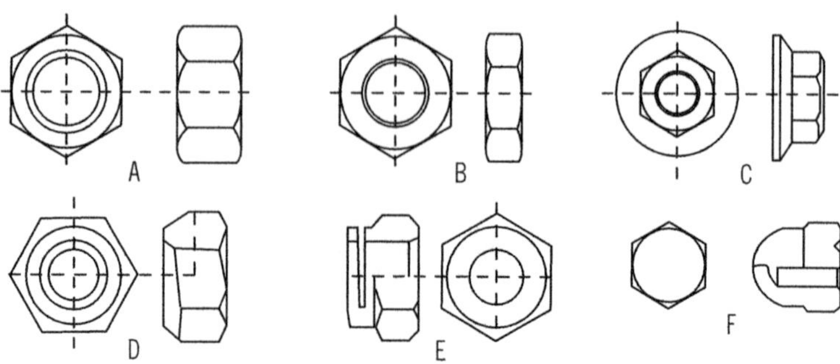

A. Tuerca hexagonal
B. Tuerca hexagonal rebajada
C. Tuerca de sombrerete
D. Tuerca autoblocante
E. Tuerca almenada
F. Tuerca ciega

Al igual que ocurre con los tornillos, existen diferentes tipos de tuercas: especiales para tornillos rosca chapa, tuercas remachadas, etc., en las que su forma y características dependerán de la función a desempeñar.

Arandelas

Las arandelas son láminas generalmente metálicas que se interponen entre las tuercas o tornillos y las piezas en las que realizan su fijación. De esta forma se protegen las partes de contacto evitando agarres a la hora de apretar o aflojar el tornillo o la tuerca. Existen gran variedad de modelos; no obstante, los más usuales son:

- **Planas:** son las más usuales y pueden variar en el tamaño del ala para tener mayor superficie de contacto repartiendo así la fuerza de compresión.

- **Grower:** es un tipo de arandela partida con aristas vivas que en sentido de aflojar se clavan sobre la tuerca o el tornillo, impidiendo que se aflojen. Además están fabricadas en acero con gran elasticidad, que ejerce presión como si fuera un efecto de muelle.
- **Dentadas:** son parecidas a las Grower, pero estas llevan mecanizado a lo largo de toda el ala de la arandela un dentado con las aristas vivas. De esta forma también evitan que se pueda aflojar el tornillo o la tuerca.

Nota

Mejorar el agarre en una unión no es la única función de una arandela. También se utilizan como juntas tóricas para dotar de estanqueidad a una unión cuando es requerido; para ello, se fabrican con metales blandos que permitan una deformación al apretar que sella la unión.

Pernos

Los pernos son elementos de fijación de forma cilíndrica y con cabeza redonda que se emplean generalmente en uniones articuladas. Están fabricados de acero y en la punta suelen tener un orificio que sirve para que se introduzca un pasador de forma que haga de bloqueo para que no pueda salirse la pieza que sujeta.

Este tipo de unión se caracteriza por su facilidad de desmontaje y montaje, ya que simplemente quitando el pasador de bloqueo permite desmontar la pieza que está sujetando.

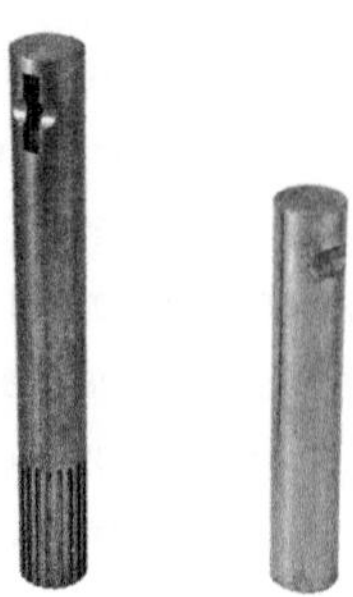

Pasadores

Los pasadores son elementos de fijación que se utilizan para unir y asegurar piezas. Generalmente están fabricados de acero y existen los siguientes tipos:

- **Tubular:** tienen forma cilíndrica, son huecos y elásticos. Están diseñados para unir piezas con orificios, como por ejemplo bisagras.

- **De aletas:** son los utilizados como pasantes en tornillos con tuercas almenadas impidiendo que se salgan o aflojen. Una vez alojados en su sitio, se abren las aletas, quedando bloqueados.

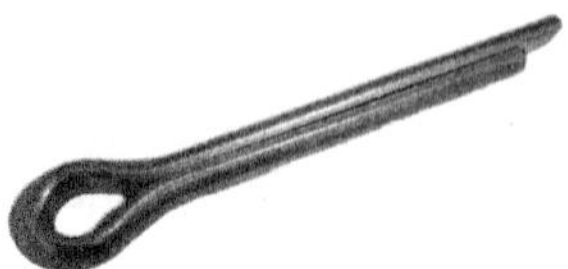

- **De horquilla:** son utilizados como elemento de freno insertados en la punta de un perno. Son elásticos y llevan mecanizado un alojamiento donde quedará el pasador. Se caracterizan por su facilidad de montaje y desmontaje.

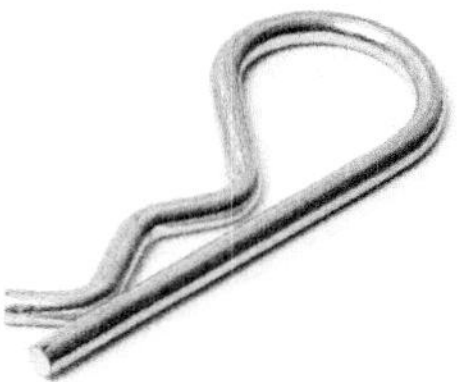

Bridas

Las bridas son elementos de unión de tuberías generalmente de goma o plástico. También son conocidas como abrazaderas. Pueden estar fabricadas de láminas de acero o de plástico y generalmente se puede ajustar su tamaño, de esta forma sirven de unión ejerciendo apriete sobre las superficies.

Chavetas y lengüetas

Las chavetas son elementos de fijación de pequeño tamaño que suelen presentar una sección de forma cuadrada o rectangular. Están fabricadas en acero y sirven para el bloqueo de ejes y poleas. Las chavetas son introducidas en un ranurado o chavetero, haciendo de bloqueo entre las partes a unir.

Las lengüetas son similares a las chavetas; se diferencian en que las chavetas realizan una fuerte unión entre las piezas y las lengüetas pueden permitir un desplazamiento axial entre las piezas que unen.

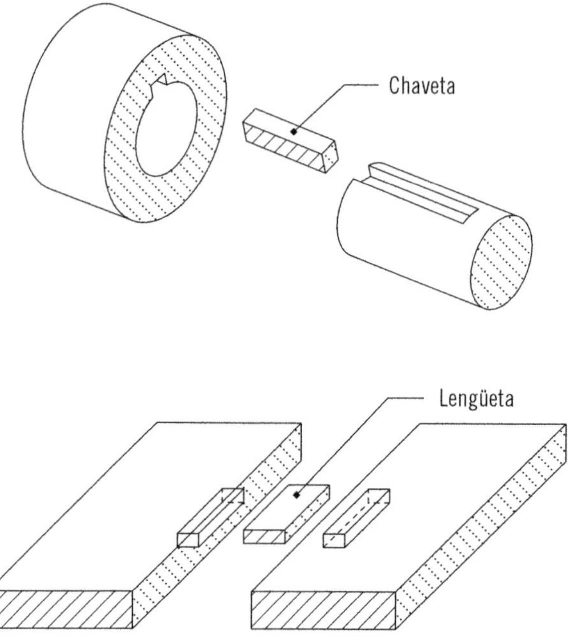

Aplicación práctica

Usted se encuentra en un taller mecánico realizando operaciones de montaje de rótulas de mecanismos de dirección. Estas rótulas llevan un orificio en la punta del tornillo. ¿Cómo realizaría la fijación de las tuercas?

SOLUCIÓN

Debido a que es una operación que necesita garantizar que no se aflojen los mecanismos, debería emplear tuercas almenadas con pasadores de aletas, de esta forma la fijación está garantizada.

6. Resumen

En las operaciones de montaje de conjuntos existen diferentes técnicas de unión y montaje que hay que conocer para seleccionar la más adecuada teniendo en cuenta materiales, dureza de la unión, etc.

A lo largo de este capítulo se han explicado los distintos tipos de uniones fijas y desmontables, así como los materiales empleados para realizar estos procesos.

También se han conocido las diferentes técnicas de unión y los métodos óptimos de ensamble mediante adhesivo; las distintas formas de aplicar los adhesivos y cómo realizar una unión resistente de forma segura y respetuosa con el medioambiente.

Ejercicios de repaso y autoevaluación

1. Los adhesivos tienen mayor resistencia que las soldaduras en general.

- ☐ Verdadero
- ☐ Falso

2. Los adhesivos más utilizados en la industria hoy en día son:

a. Cintas adhesivas.
b. Adhesivos plásticos.
c. Adhesivos estructurales.
d. Pegamentos plásticos.

3. Al tiempo que necesita la reacción del adhesivo para producir una correcta unión de las piezas se le denomina...

a. ... tiempo de reacción.
b. ... periodo de secado.
c. ... tiempo de curado.
d. ... periodo de espera.

4. Para la unión de láminas metálicas, pegado de plásticos rígidos y reparación de construcciones se necesita un adhesivo capaz de realizar una unión tenaz, de alta resistencia a los desprendimientos, humedad y altas temperaturas, como...

a. ... el adhesivo cianoacrilato.
b. ... el adhesivo epóxico.
c. ... el adhesivo acrílico.
d. ... el adhesivo anaeróbico.

5. Indique tres métodos de aplicación de los adhesivos:

____

____

6. La soldadura MIG/MAG consiste en...

a. ... un gas cargado de electrones que produce la unión de las piezas.
b. ... generar un arco voltaico entre la pieza a soldar y un alambre o electrodo.
c. ... aplicar una gran presión entre los electrodos y una pequeña corriente eléctrica que produce la unión de las piezas.

7. Las uniones prensadas producen fijaciones...

a. ... sólidas y seguras frente a vibraciones.
b. ... de gran resistencia al calor.
c. ... elásticas que permiten asegurar piezas con holguras, por lo que se suelen utilizar en piezas giratorias como cojinetes en ejes, rotores de turbinas, etc.

8. La operación de montaje de conjuntos que consiste en unir dos piezas mediante un cilindro de metal, para posteriormente ser roblonado, se la conoce como...

a. ... prensado.
b. ... remachado.
c. ... soldadura por puntos o presión.
d. ... soldadura por arco.

9. ¿Qué tipo de unión muestra la siguiente imagen?

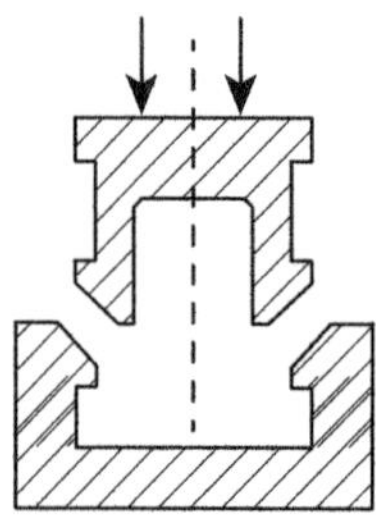
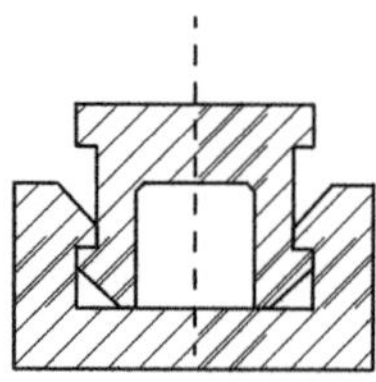

a. Unión de ajuste.
b. Unión por anclaje.
c. Unión por apriete.
d. Unión por rebasado y rebaje.

10. En la soldadura MIG/MAG,...

a. ... la soldadura se protege con gas para que no se produzca la oxidación del material de aportación.
b. ... no se emplea ningún tipo de gas.
c. ... se emplea gas oxiacetilénico para el refuerzo de la unión, además de proporcionarle la aportación de material necesaria para su máxima resistencia.

Capítulo 3

Ejecución de operaciones de montaje

Contenido

1. Introducción

En este capítulo se explicará cómo llevar a cabo las distintas operaciones de montaje de conjuntos y estructuras, según hoja de procesos. Se detallarán las diferentes técnicas de unión ya estudiadas para el ensamble de los diferentes elementos que componen la estructura. Se identificarán las partes que conforman el conjunto y subconjunto de piezas.

Se estudiará cómo realizar una correcta preparación de los materiales y elementos que intervienen en el proceso para su montaje de forma ordenada. Se aprenderá a ejecutar las operaciones de montaje necesarias para el ensamblado de conjuntos y estructuras.

Finalmente, se indicará la normativa referida a la seguridad en el trabajo, haciendo especial hincapié en su correcta aplicación.

2. Montaje según hoja de proceso

El constante aumento en la diversificación de los procesos necesarios para la elaboración de un producto y el abaratamiento de costes mediante la producción en serie, que fue objeto de la Revolución Industrial, ha obligado a la industria de la fabricación a desarrollar todo tipo de documentos y tecnología para unificar y controlar dichos procesos.

En una planta de fabricación industrial en serie es esencial seguir correctamente las hojas de procesos para asegurar el correcto orden en el montaje de los productos ensamblados.

La hoja de proceso surge junto con la hoja de operaciones y la hoja de ruta, como documentación técnica que permite plasmar la información necesaria para desarrollar una actividad de forma correcta en varias fases.

La industria automovilística fue una de las primeras en desarrollar e implantar dicha documentación, debido al gran número de piezas de las que se compone un automóvil y la cantidad de pasos necesarios para su construcción. Hoy en día es un documento muy usado no solo por las empresas automovilísticas, sino por toda la industria de la fabricación e incluso exportándose hacia otros ámbitos de la empresa.

Sabía que...

Henry Ford fue quien impulsó las cadenas de montaje por primera vez para la fabricación en masa del vehículo *Ford T* en 1908.

2.1. Definición de hoja de proceso

Una **hoja de proceso** es un documento que detalla todo tipo de instrucciones, pautas e información necesarias para llevar a cabo de forma correcta y ordenada las operaciones de fabricación y montaje de un producto, elemento, conjunto o estructura en varias fases. Este documento sirve al operario para identificar las diferentes tareas que debe realizar para la fabricación, ensamble o construcción de un producto, además de permitir detectar errores durante su construcción.

2.2. Elaboración de una hoja de proceso

Cada industria o fábrica elabora su propia hoja de proceso en función de la actividad a desarrollar. La hoja de proceso debe ser elaborada previamente, durante la planificación de los procesos que se van a llevar a cabo, y posteriormente rellenada por el operario u operarios durante el proceso.

A continuación, se muestra alguna información que puede estar contenida dentro de una hoja de proceso:

- Identificación del producto.
- Nombre del operario.
- Área de procesamiento.
- Fecha.
- Tiempo estimado.
- Herramientas y útiles necesarios.
- Datos técnicos del producto:
    - Material.
    - Peso.
    - Dimensiones.
    - Acabado.
    - Cantidad.
    - Etc.
- Procesados.
- Operaciones auxiliares.
- Observaciones.
- Croquis.
- Verificación de errores.
- Especificaciones.
- Máquina empleada.
- Etc.

Ejemplo de hoja de proceso

En la imagen siguiente se puede observar un ejemplo de una hoja de proceso donde se recogen algunos de los datos anteriormente mencionados. Las casillas en blanco pueden ser rellenadas por el operario o pueden venir previamente completadas de procesos anteriores o con especificaciones propias.

Hoja de proceso

Pieza/Componente//Sub-conjunto: N.º: F.E.:

Material: Plano conjunto: F.U.M.:

N.º Op.		Breve descripción de la operación	Máquina/equipo	Maq. N.º	Registro de cambio
1					
2					
3					
4					
5					
6					
7					
8					
9					
10					
11					
12					
13					
14					
15					

Proceso:

Intervino: Fecha emisión: Pieza/Componente/Sub-Conj. N.º:

FET08_HojaProceso _ Marzo de 2024, Imprenta A.P.C./F.E= Fecha de emisión. /F.U.M.=Fecha de última modificación:

Pasos para la elaboración de una hoja de proceso

Para realizar una hoja de proceso debe identificarse toda la información necesaria que tiene que ser aportada para la consecución final del proceso de forma correcta; por ello previamente hay que realizar un estudio del objeto a fabricar.

Primero hay que establecer los datos técnicos del objeto, el material en el que se va a fabricar, las dimensiones, acabados, etc. Después debe establecerse los procesos que han de realizarse para su fabricación, corte, arranque de viruta, cilindrado, etc.

Identificación de las herramientas y maquinaria que debe emplearse para su fabricación o construcción, así como las condiciones técnicas de funcionamiento, número de revoluciones, velocidad de avance, tipo de herramienta o cuchilla empleada, etc. Seguidamente hay que establecer los tiempos de ejecución, estos pueden estar previamente establecidos o ser anotados por el operario tras su finalización.

Por último, se deben recoger todos los datos posibles durante el proceso, con el fin de detectar errores y controlar los procesos de producción.

Aplicación práctica

La fábrica "Muebles Martínez" tiene previsto producir un nuevo modelo de estantería. Debido a su experiencia en la fabricación de todo tipo de muebles, le han pedido que realice una "Hoja de Proceso Modelo" donde puedan recogerse todas las tareas que deben llevarse a cabo para su construcción y montaje. A continuación, se muestra una imagen de la estantería.

Continúa en página siguiente >>

<< Viene de página anterior

SOLUCIÓN

La "Hoja de Proceso Modelo" debería contener la siguiente información:

- Material de fabricación de la estantería: en este apartado detallaríamos si es acero, aluminio o madera y el tipo.
- Pieza n.º: se marcará cada pieza con un número para su identificación.
- Fecha: el día en el que se realiza la operación.
- Operaciones: todo proceso que debe llevarse a cabo para la fabricación y montaje de la estantería (corte, lijado, uniones, etc.).
- Tiempo: tiempo aproximado necesario para la elaboración de cada operación.
- Herramientas y maquinarias empleadas para realizar cada operación.
- Dimensiones: medidas que debe tener cada pieza.
- Observaciones: cualquier comentario que el operario quiera añadir.
- Croquis: dibujo a mano alzada que facilita la interpretación de las instrucciones contenidas en la Hoja de Proceso.

La hoja quedaría de la siguiente forma:

Continúa en página siguiente >>

<< Viene de página anterior

Hoja de proceso

Fecha:	Conjunto:		Material:	
Pieza n.º	**Dimensión**	**Operación**	**Tiempo**	**Máquina o herramienta**

Observaciones:

Croquis:

Montaje de un conjunto o estructura

Una de las aplicaciones más empleada de la Hoja de Proceso es servir de base para el montaje de un conjunto o estructura ya sea fija o desmontable. Esta aplicación es muy común y un ejemplo sería cuando se realiza la compra de un producto doméstico que, por sus dimensiones o características técnicas, se vende desmontado para su posterior ensamblaje por parte del propietario. En estos casos la Hoja de Proceso suele ir acompañada o incluida en el "Libro de instrucciones de uso" del producto con el nombre de "Instrucciones de montaje"; generalmente dichas instrucciones contienen una gran cantidad de gráficos o dibujos explicativos y son intuitivas y fáciles de interpretar.

Sabía que...

La Hoja de Proceso debe ser elaborada previamente, durante la planificación de los procesos que se van a llevar a cabo, y posteriormente rellenada por el operario u operarios durante el proceso.

Sin embargo, en la industria, la cantidad y complejidad de las piezas y elementos con los que a menudo se trabaja dificulta considerablemente las tareas de montaje y ensamblado de conjuntos y estructuras. La Hoja de Proceso pretende ser en este caso un documento que le facilite al operario las tareas en cuestión, reduciéndose de forma drástica el tiempo empleado en el montaje y los errores derivados de una mala interpretación o de un montaje incorrecto.

En la industria del automóvil es indispensable una buena planificación de cada una de las operaciones de montaje. Para ello, es fundamental la elaboración de unas hojas de procesos de calidad que eviten fallos por parte del operario.

Aplicación práctica

Trabajando en la fábrica "Muebles Martínez" debe efectuar el montado de todas las piezas que conforman una estantería de metal. Dicho producto es la primera vez que se monta en la fábrica, así que además del material necesario para su montaje se adjunta una Hoja de Proceso como la siguiente. Realice su interpretación.

Hoja de proceso

Fecha: 29/06/24	**Conjunto: Estantería**	**Material: Metal**	
Pieza nº	**Operación**	**Tiempo**	**Máquina o herramienta**
3	Colocarla en una superficie plana como base del montaje del conjunto		
1	Atornillar dos piezas 1 a la pieza 3 mediante dos tornillos en los extremos	1 min	Atornillador automático
2	Atornillar luna pieza en el extremo de la pieza 3 mediante dos tornillos y atornillar a las piezas 1 mediante un tornillo	3 min	Atornillador automático
2	Atornillar una pieza de el extremo opuesto a una distancia de 10 cm	3 min	Atornillador automático, metro
2	Atornillar cinco piezas a una distancia de 15 cm. entre ellos	5 min	Atornillador automático, metro
4	Atornillar una pieza mediante 2 tornillo en la pieza n.º de ambos lados	2 min	Atornillador automático, metro

Observaciones: El recubrimiento superior e inferior también son estantería: Pieza n.º 2. Todas las uniones se realizarán mediante tornillos de cabeza cónica para llave de estrella. Todas las piezas n.º 2 se unirán de forma similar.

Croquis:

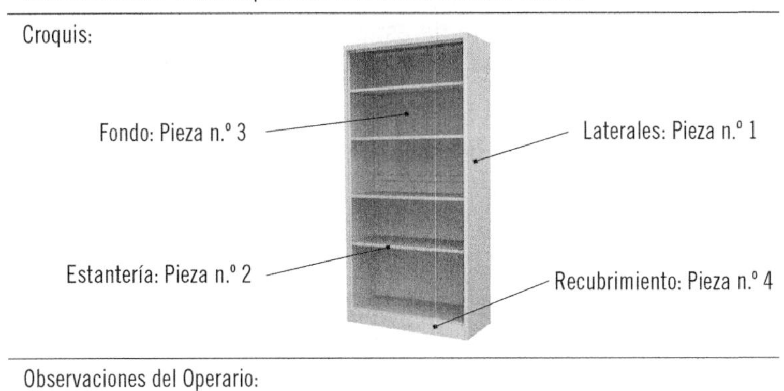

Observaciones del Operario:

Continúa en página siguiente >>

<< Viene de página anterior

SOLUCIÓN

En el croquis se puede observar que se trata de una estantería compuesta por cuatro tipos de piezas diferentes, cuya forma de montaje de cada una se detalla en el apartado "Operación".

Lo primero que se observa en la Hoja es la fecha, el nombre del conjunto y el material.

En la tabla siguiente, junto con la identificación de la pieza, se nos detalla la operación que hay que llevar a cabo, así se tiene que la pieza marcada con el número 3 en el croquis es la base sobre la cual se partirá para el montaje de la estantería. También se dice el tiempo que se va a emplear en cada acción en concreto, así como las herramientas o maquinaria necesaria para su ejecución.

En el apartado "Observaciones" se da más detalles de cómo debe realizarse el montaje del mueble, además del tipo de unión que se debe emplear para su ensamblaje.

Finalmente se encuentra un recuadro vacío donde el operario puede hacer alguna anotación, que encuentre interesante.

Como se ha visto anteriormente, algunos conjuntos mecánicos son complejos de montar, como es el caso de motores, turbinas, maquinaria industrial, etc., ya que se dividen en un gran número de piezas cuya fabricación y ensamblaje se realiza en varias tandas que conforman en sí una producción en serie o cadena. Por tanto, un conjunto de estas características pasa por las manos de muchos operarios, hasta que llega a su proceso de acabado.

En la industria que realizan trabajos en serie muy especializados se pueden encontrar varias Hojas de Proceso, todas ellas encaminadas a describir una tarea concreta, complementaria a las demás. Así para el montaje de un motor de coche podemos encontrar varias Hojas de Proceso, para cada parte del ensamblaje del motor.

Ejemplo

Algunas de las Hojas de Proceso que podemos encontrar para el montaje completo de un motor son: Hoja de Proceso del bloque motor, Hoja de Proceso de la distribución, Hoja de Proceso de la culata, Hoja de Proceso del sistema de alimentación y Hoja de Proceso del sistema de refrigeración.

Para cada proceso se nos detalla los tiempos de ejecución, las herramientas necesarias, los sistemas de apriete o unión, los niveles de reglaje, el orden de ensamblaje, posibles errores, advertencias, etc.

Aplicación práctica

En la sección de montaje de motores para coches de la fábrica "Tayoto" necesitan personal para cubrir una fuerte demanda de vehículos de esta marca. Después de varias entrevistas tras la entrega de su currículum, le han seleccionado para dicha sección. Su trabajo allí es realizar el montaje de una parte del motor a partir de una Hoja de Proceso. Explique cómo procedería para realizar dicha actividad.

<table>
<tr><th colspan="3">Hoja de proceso</th><th>Operación:</th></tr>
<tr><td colspan="2">Pieza: Culata</td><td>Tipo: Zw15</td><td>Partida: 20015820</td></tr>
<tr><td colspan="2">Descripción detallada de la operación</td><td colspan="2">Montaje del conjunto de la culata de un motor diésel, turbo inyección 2.1</td></tr>
<tr><td colspan="2">Elementos del conjunto:</td><td colspan="2">Herramientas:</td></tr>
<tr><td>Referencia:</td><td></td><td colspan="2"></td></tr>
<tr><td>1</td><td>Clip expansivo</td><td colspan="2">Dinamométrica</td></tr>
<tr><td>2</td><td>Protección superior de la correa</td><td colspan="2">Destornillador universal</td></tr>
<tr><td>3</td><td>Correa dentada de la distribución</td><td colspan="2">Galgas</td></tr>
<tr><td>4</td><td>Tornillo (4,5 daN m)</td><td colspan="2">Alicates</td></tr>
<tr><td>5</td><td>Tapa de culata</td><td colspan="2">Martillo</td></tr>
<tr><td>6</td><td>Tapón</td><td colspan="2">Puntero</td></tr>
<tr><td>7</td><td>Arandela de hermetizado</td><td colspan="2">Juego de llaves Allen</td></tr>
<tr><td>8</td><td>Tubo de aspiración</td><td colspan="2">Pinzas</td></tr>
<tr><td>9</td><td>Válvula reguladora de presión</td><td colspan="2">Comparador</td></tr>
<tr><td>10</td><td>Junta</td><td colspan="2">Calibre</td></tr>
<tr><td>11</td><td>Tornillos de culata</td><td colspan="2">Juego de llaves fijas</td></tr>
<tr><td>12</td><td>Clip de sujeción</td><td colspan="2">Juego de cabezas para el destornillador</td></tr>
<tr><td>13</td><td>Junta tórica</td><td colspan="2"></td></tr>
<tr><td>14</td><td>Tuberías de inyección</td><td colspan="2"></td></tr>
<tr><td>15</td><td>Culata</td><td colspan="2"></td></tr>
<tr><td>16</td><td>Inyector</td><td colspan="2"></td></tr>
<tr><td>17</td><td>Bujías de precalentamiento</td><td colspan="2"></td></tr>
<tr><td>18</td><td>Tornillo (2,5 daN m)</td><td colspan="2"></td></tr>
<tr><td>19</td><td>Rodillo tensor</td><td colspan="2"></td></tr>
<tr><td>20</td><td>Excéntrico</td><td colspan="2"></td></tr>
<tr><td>21</td><td>Tuerca de fijación</td><td colspan="2"></td></tr>
</table>

Continúa en página siguiente >>

<< Viene de página anterior

Operaciones:

1	Acoplar 14, 13, 16 mediante juego de llaves fijas y dinamométrica con 15
2	Ajustar 17 y 19 mediante comparador y realizar apriete con alicates a 15
3	Apretar 18 con dinamométrica y calibrar ajustes
4	Colocar 20, 12, 9 y 8
5	Colocar 10 y apretar tornillos 11 con dinamométrica a 2,5 daN m en orden establecido en la figura
6	Roscar 6
7	Colocar 7 y 5 y apretar 4
8	Colocar 3 y 2 con pinzas
9	Apretar a tope 21
10	Colocar

Observaciones:

Croquis: proceso para el montaje de los tornillos de la culata

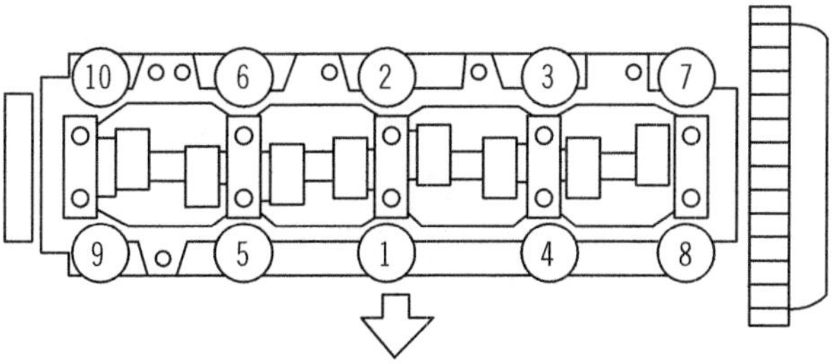

10 6 2 3 7
9 5 1 4 8

SOLUCIÓN

Según la Hoja de Proceso la parte del motor que se debe montar es la culata, de un motor diésel de inyección 2.1.

La hoja recoge el número de piezas que forman el conjunto que hemos de montar, suponemos que cada pieza estará marcada con la misma referencia que se muestra en la hoja; además nos muestra las herramientas que se debe utilizar para la unión de las piezas o ensamblaje de las mismas. La parte de "Operaciones" indica cómo se debe realizar el montaje de cada pieza siguiendo un orden.

Continúa en página siguiente >>

<< Viene de página anterior

La primera operación que se debe efectuar es el acople de las Tuberías de inyección, la Junta tórica y el Inyector con la Culata, mediante un juego de llaves fijas y la dinamométrica. El siguiente paso sería ajustar las Bujías de precalentamiento y el Rodillo tensor a través del reloj comparador y realizar su apriete a la Culata con los alicates.

De esta forma se seguirían con todas las operaciones hasta llegar al montaje de los tornillos, donde se adjunta un croquis sobre el proceso que se debe seguir para el apriete de los mismos; según el croquis se comenzaría realizando el apriete del tornillo central inferior, seguido del apriete de su homólogo en la parte opuesta. El siguiente tornillo en apretar sería el situado a la derecha del tornillo anteriormente apretado para posteriormente seguir con el atornillado del que se encuentra justo en frente. De esta forma seguiríamos realizando el apriete de los tornillos formando una espiral cuyo sentido de giro sería horario de dentro hacia fuera.

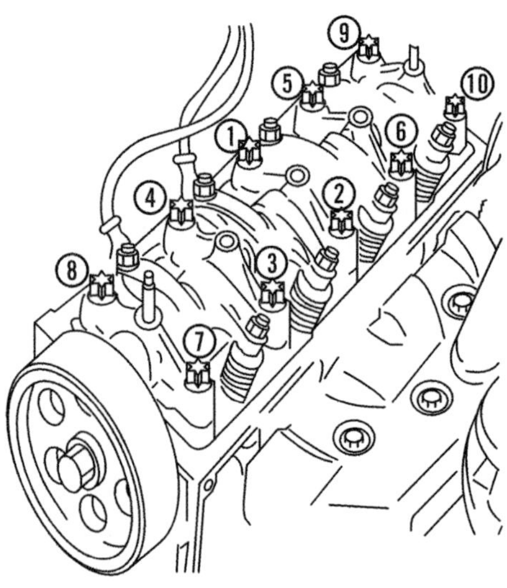

Por último, se procedería con la colocación del clip expansivo, dando lugar a la finalización del proceso de montaje de la Culata.

Importante

La anterior Aplicación práctica es solo un ejemplo de una Hoja de Proceso que ha sido convenientemente modificada para servir al alumno como guía para el montaje de un conjunto según una Hoja de Proceso. En la realidad, la operación descrita puede sufrir variaciones, y es un proceso más extenso y complejo.

3. Identificación de elementos componentes de conjuntos y subconjuntos

Para ejecutar correctamente cualquier operación de montaje de un conjunto de piezas o estructura, es necesario conocer los diferentes elementos de los que se compone. Cualquier conjunto mecánico puede estar compuesto por un gran número de piezas; sin embargo, el número de elementos diferentes suele ser reducido para facilitar las labores de montaje o las tareas de reparación a la hora de realizar la sustitución de una pieza.

Algunos de estos elementos pueden estar normalizados, como es el caso de tornillos y tuercas cuya rosca se fabrica dentro de las especificaciones de una normativa.

Filete truncado de 60°

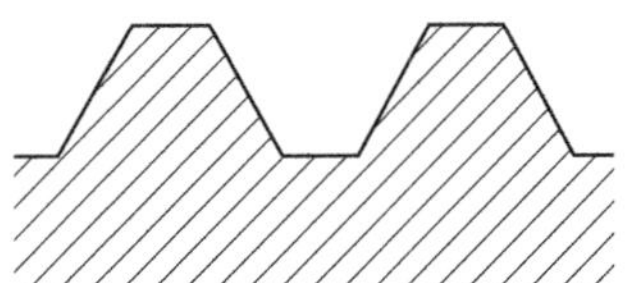

3.1. Partes de una estructura metálica

Conjunto de componentes, mayoritariamente metálicos, unidos entre sí que forman un cuerpo, una forma o un todo, destinadas a soportar los efectos de las fuerzas que actúan sobre dicho conjunto.

Estructura metálica compuesta por el cruce de dos cerchas para aumentar la resistencia y rigidez del conjunto.

Recuerde

Perfil es el nombre genérico que reciben las barras metálicas que se usan en la construcción de una estructura. Su nombre específico proviene de la geometría de su sección; así un perfil doble T sería como en la imagen 1, mientras que un perfil Z sería como en la imagen 2.

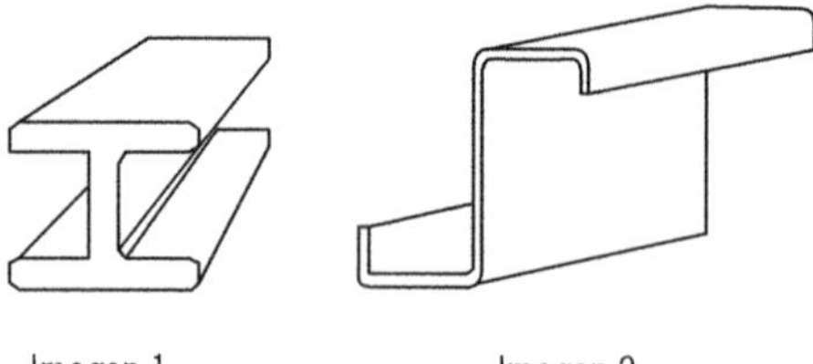

Imagen 1 Imagen 2

Las funciones para las que se diseña una estructura metálica son muy diversas; puede servir de almacén, de soporte para antenas, redes de distribución, etc.

Generalmente se emplea con finalidad constructiva y algunas de las partes que podemos diferenciar en una estructura de metal son:

- **Pilares:** elemento cuya función es sostener todo el peso de la cubierta, además de soportar las cargas para las que ha sido diseñada la estructura. Generalmente su colocación es vertical y su parte inferior se encuentra apoyada sobre la cimentación.

- **Pilares secundarios:** su función es dar estabilidad, frente a las cargas de viento a las que puede estar expuesta la estructura en sus extremos. También pueden servir de apoyo estructural a puertas y cerramientos. Su espesor suele ser menor que el de los pilares.

- **Dintel:** perfil metálico cuya función es servir de apoyo al cerramiento de la cubierta y transmitir las cargas hacia los pilares. Su disposición es horizontal, con una inclinación que evita la acumulación de agua o nieve sobre la cubierta.

- **Cercha:** estructura formada por varios perfiles convenientemente ensamblados, cuya función es similar a la de los dinteles, con la ventaja que permite salvar mayores distancias entre pilares.

- **Correas:** elemento dispuesto en sentido perpendicular a la cercha o dintel, que permite rigidizar la cubierta de una estructura, soportando los esfuerzos transversales a los que son sometidas.

- **Viga:** elemento dispuesto en sentido horizontal cuya función es proporcionar rigidez a la estructura y generalmente se encuentra apoyada sobre los pilares. En el caso de las vigas carriles, su misión además es servir como guía y soporte a una grúa.

- **Riostra:** elemento cuya colocación suele ser transversal u oblicua y permite estabilizar estructuras frente a desplazamientos indeseados, tales como movimientos sísmicos, fuertes rachas de viento, etc.

Sabía que...

A la distancia existente entre dos pilares que soportan una misma cercha o dintel se le denomina luz.

Aplicación práctica

Identifique todos los elementos de la estructura que observe en la siguiente fotografía.

SOLUCIÓN

En la fotografía se pueden ver varios pilares, las riostras diagonales formando las cruces de San Andrés, los dinteles, las correas y riostras de la cubierta, varias vigas y una viga carril para una grúa.

3.2. Subconjunto de una estructura metálica

En una estructura metálica se pueden encontrar, además de los elementos estudiados anteriormente, algunas estructuras y elementos singulares que forman en sí un subconjunto con entidad propia. Este es el caso de las cerchas, las cartelas, los apoyos y las vigas en celosía.

Cercha

La cercha es una subestructura que se compone de varios perfiles, cuya misión es servir de soporte a la cubierta salvando la distancia existente entre los pilares.

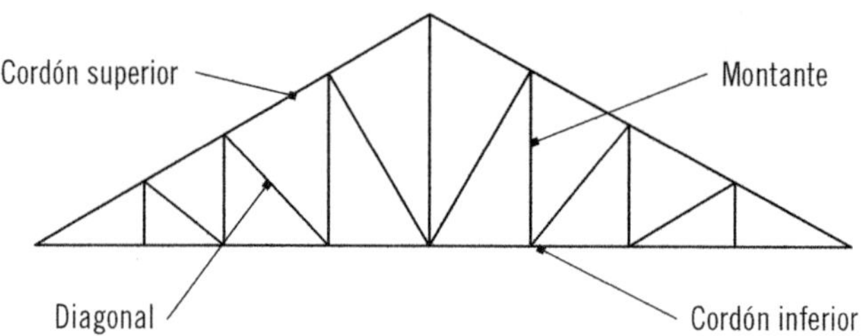

La cercha se divide en varias partes:

- Cordón superior.
- Cordón inferior.
- Diagonal.
- Montante.

Cartela

La cartela es una placa de metal plana que sirve de base para la unión de los distintos perfiles que confluyen en un mismo punto o nudo. Gracias a la cartela las uniones de los perfiles pueden realizarse roscadas, soldadas o remachadas, también pueden combinarse dichas uniones dentro de una misma cartela.

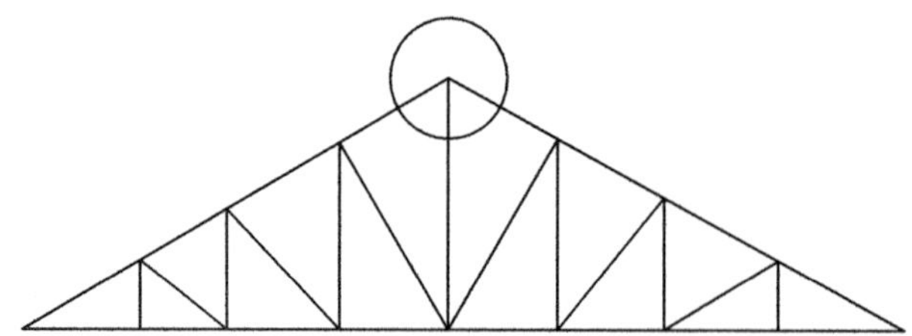

En la cumbrera, que es la parte más alta de la cercha, podemos encontrar una cartela como la que se muestra en la siguiente imagen.

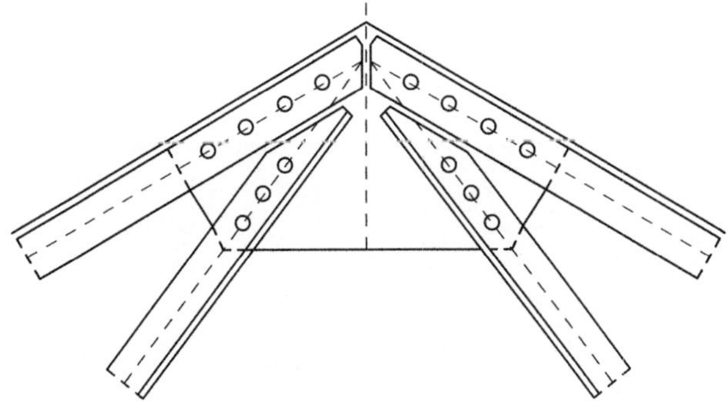

Esta cartela tiene una forma geométrica parecida a un pentágono y permite la unión roscada de cuatro perfiles.

Apoyos de pilares

Los pilares en su parte inferior van anclados a la cimentación por medio de una placa plana de espesor considerable y unos tornillos o pernos que evitan el desprendimiento de la misma.

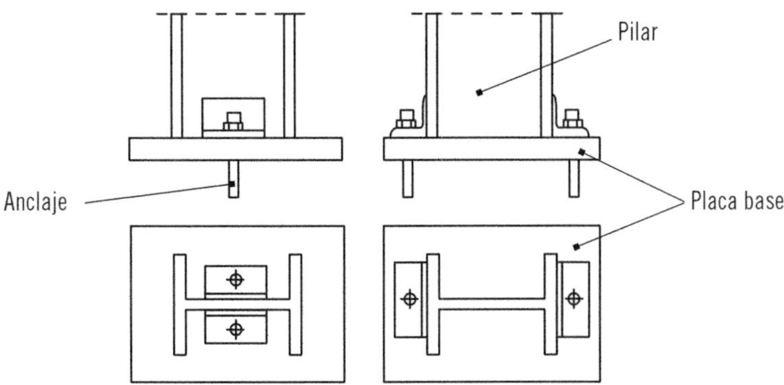

Vigas en celosía

En los casos donde las distancias que separan los pilares de una estructura o los esfuerzos que debe soportar una viga hacen inviable su utilización, se recurre a subestructuras formadas por varios perfiles que reciben el nombre de celosía.

Aplicación práctica

Su función en la fábrica "Metales Melero" es la construcción y fabricación de todo tipo de estructuras a partir de perfiles laminados. Le encargan la construcción de una parte de una estructura, a partir de un plano que contiene las imágenes que a continuación se muestran. Identifique los elementos y componentes que son necesarios para su construcción.

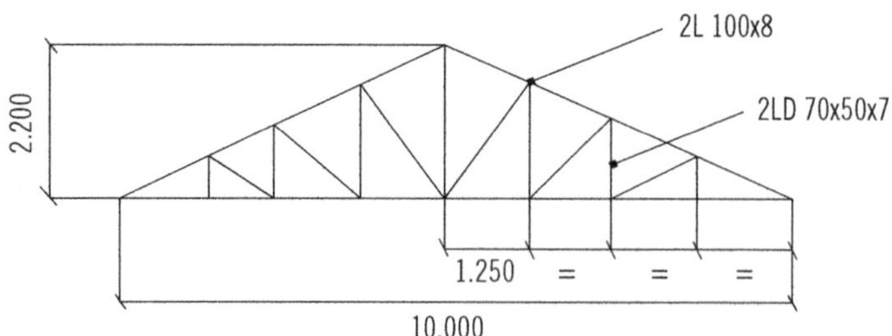

Continúa en página siguiente >>

<< Viene de página anterior

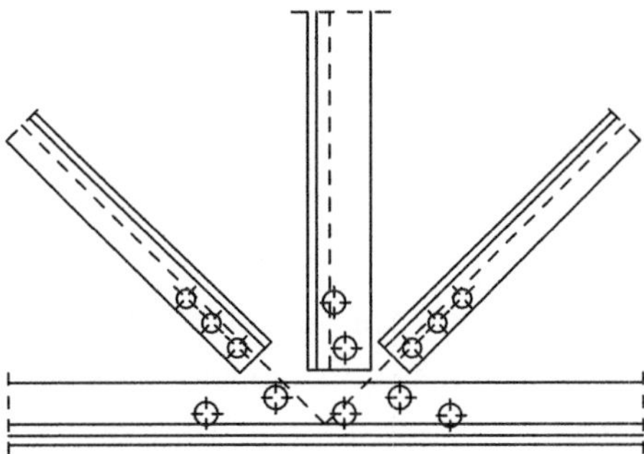

SOLUCIÓN

La primera imagen del plano muestra una cercha acotada donde vemos que el cordón superior está formado por dos perfiles en L de dimensiones 100 mm de largo por 8 mm de espesor, mientras que en el montante se emplea un tipo de perfil LD de dimensiones 75 x 50 x 7 mm.

En la siguiente imagen se muestra el nudo inferior del montante más largo, es decir, la parte inferior del montante que une el cordón superior con la cumbrera; ya que este es el único nudo donde enlazan un montante, el cordón inferior y dos diagonales.

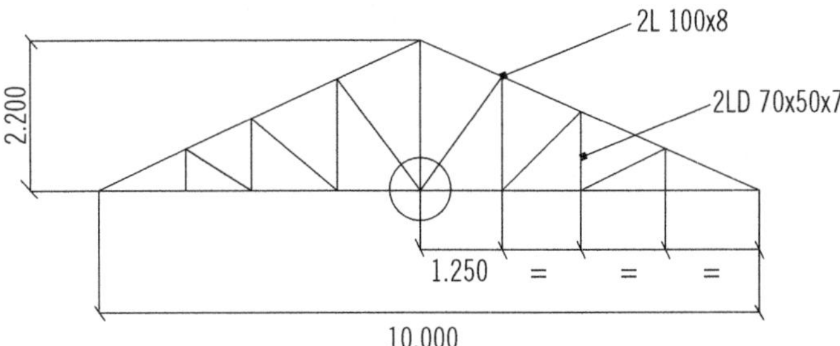

Por el dibujo observamos que la cartela tiene geometría rectangular de dimensiones 10 x 300 x 570 mm, lo que quiere decir que se trata de una lámina plana de 10 mm de espesor por 300 mm de ancho y 570 de largo. El dibujo también nos muestra que todos los perfiles son dobles, por lo que la cartela irá colocada en medio de los perfiles. Todas las uniones se realizarán mediante tornillos, tres para las diagonales, dos para el montante y cinco para el cordón inferior.

3.3. Identificación de componentes de conjuntos mecánicos

Cuando se va a realizar una operación de fabricación, unión o montaje de un conjunto mecánico, es necesario identificar correctamente todos los elementos y piezas que lo componen. Realizar esta acción antes de comenzar a operar sobre las piezas o materiales nos permitirá conocer las herramientas que vamos a necesitar para su fabricación o montaje, así como evitar posibles errores durante su construcción, que pueden resultar difíciles y costosos de enmendar e incluso crear posibles situaciones de riesgo. Es por ello, que la planificación de las acciones juega un papel importante en la industria de conjuntos y estructuras mecánicas, siendo la identificación de los procesos, piezas, elementos y herramientas un paso fundamental dentro de dicha planificación.

Para la identificación de los elementos que componen un conjunto mecánico o estructura, el operario se puede apoyar en los siguientes documentos:

- **Plano de conjunto:** representación de los elementos o piezas que forman parte de un conglomerado mecánico, donde se muestra la posición real de cada elemento o pieza, cuya función es ayudar a la comprensión del ensamblaje final.
  Para identificar correctamente una pieza representada en un plano de conjunto, debemos fijarnos en el tipo de línea, el rayado de la pieza, color de las líneas, indicaciones y aclaraciones del plano e interpretar correctamente los elementos según la normativa de dibujo técnico o descriptivo.

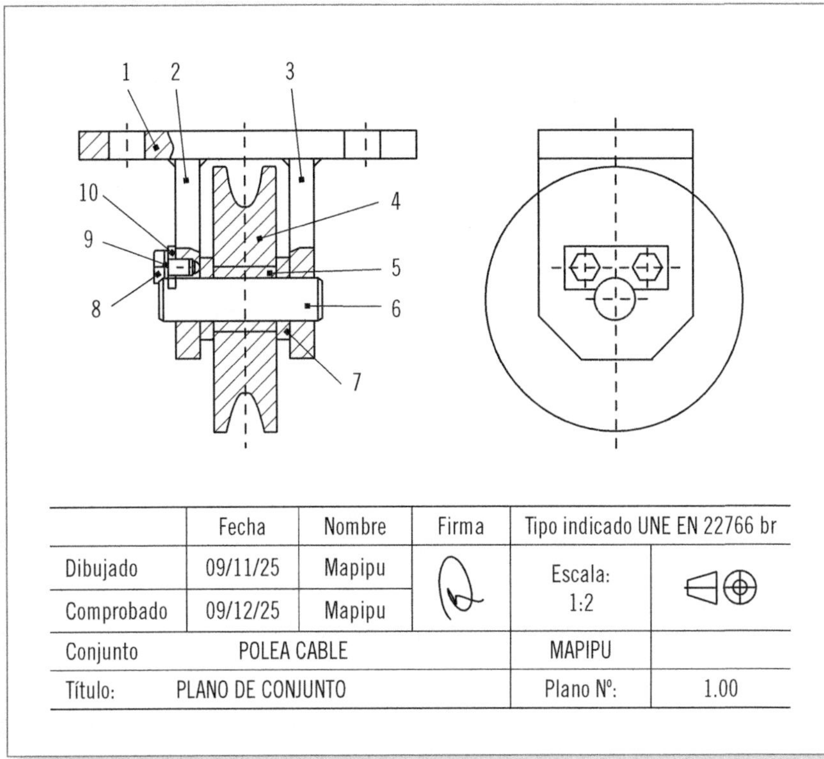

- **Hoja de Proceso:** documento que detalla todo tipo de instrucciones, pautas e información necesarias para llevar acabo de forma correcta y ordenada las operaciones de fabricación y montaje de un producto, elemento, conjunto o estructura en varias fases e identificando todos sus elementos componentes que intervienen en el proceso.
- **Planos de despiece o explosionado:** la agrupación de todos los planos que conforman un mismo despiece permite identificar todos los elementos y sus características, necesario para la fabricación y montaje adecuado del conjunto o subconjunto mecánico.

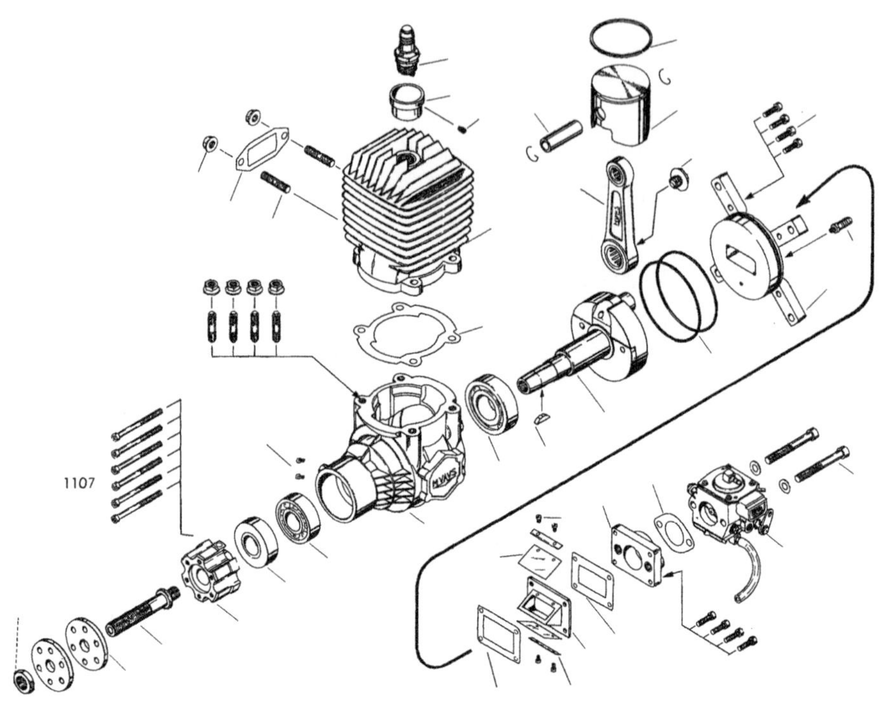

A continuación, se van a identificar las piezas que componen algunos conjuntos y subconjuntos mecánicos.

Bomba de piñones

Una bomba de piñones es un dispositivo mecánico, cuya función de diseño es elevar la presión de un fluido para mover un determinado caudal.

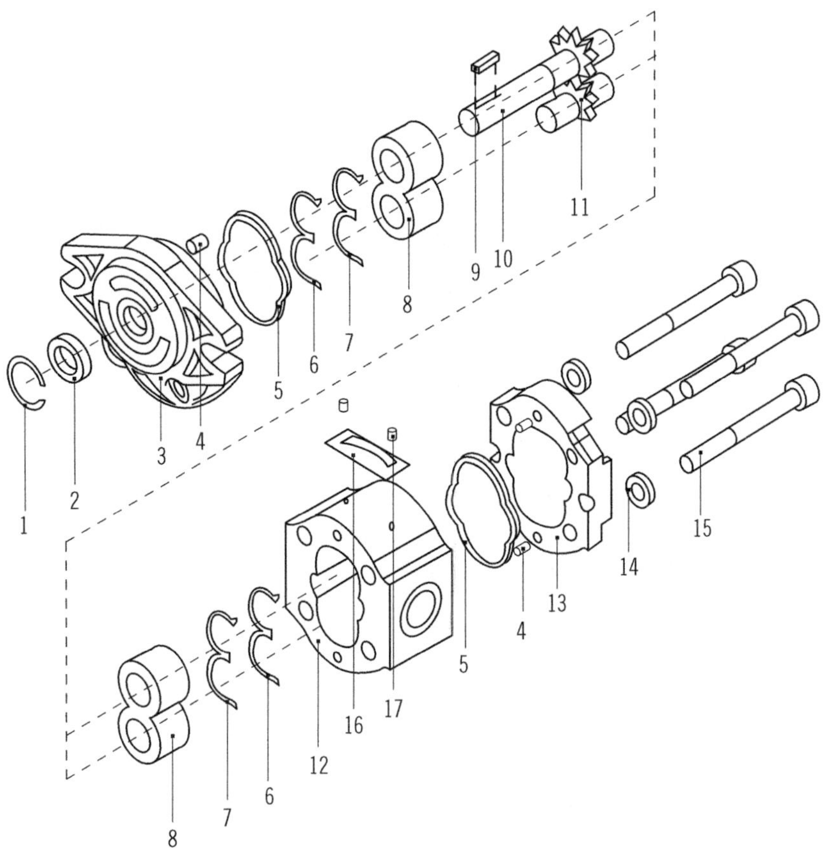

En la imagen anterior se pueden identificar los elementos que componen una bomba de piñones:

1. Anillo Seeger. (DIN 471)
2. Retén.
3. Toma de Fijación.
4. Espina Cilíndrica.
5. Junta Tórica.
6. Respaldo Junta de Compensación.
7. Junta de Compensación.
8. Cojinete Doble.
9. Chaveta.
10. Engranaje Motriz.

11. Engranaje Secundario.
12. Cuerpo.
13. Tapa.
14. Arandela Plana.
15. Tornillo Allen.
16. Chapa de Identificación.
17. Remache.

Rueda vagoneta

Se trata de una rueda sólida fabricada en materiales resistentes no deformables que, mediante la unión a un soporte con unos rodamientos, permite el desplazamiento de carga pesada, generando menos fricción que un neumático convencional, ya que este tipo de rueda mantiene su geometría estable al someterse a una carga, evitando su aplastamiento.

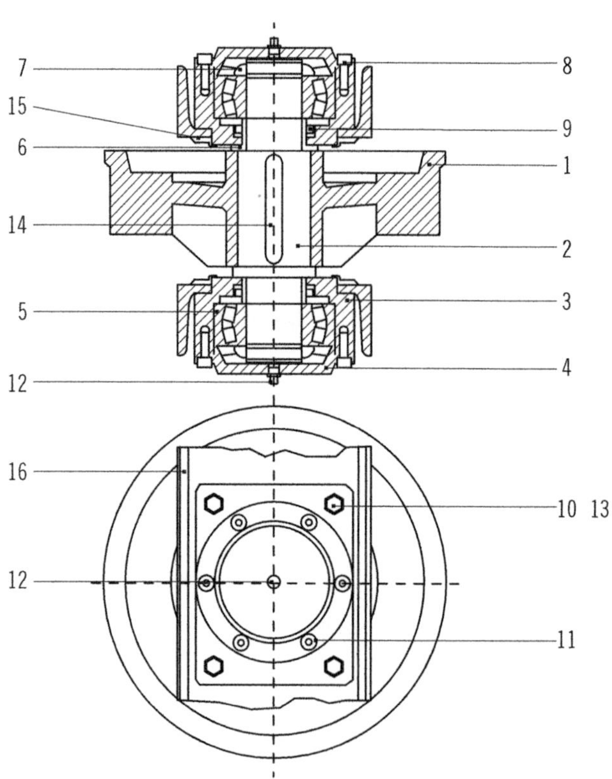

Las piezas que componen una rueda de vagoneta son:

1. Rueda.
2. Eje.
3. Soporte.
4. Tapeta.
5. Cojinete oscilante de rodillos.
6. Anillo distanciador.
7. Tuerca ranurada.
8. Arandela de seguridad.
9. Anillo de retención de aceite.
10. Tornillo de cabeza hexagonal.
11. Tornillo de cabeza Allen.
12. Engrasador Stauffer.
13. Arandela grower.
14. Chaveta plana.
15. Chapa de refuerzo.
16. Vigueta soporte UPN 260.

Reductor planetario

Un reductor planetario es un conjunto mecánico, que a través de una serie de engranajes permite el cambio de la velocidad de giro entre la entrada y la salida del eje.

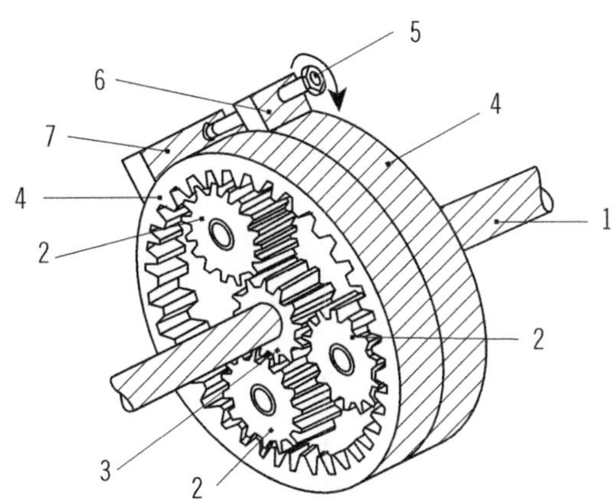

Los elementos que componen un reductor planetario son:

1. Eje.
2. Engranaje recto.
3. Piñón del eje.
4. Planetario.
5. Tornillo.
6. Soporte roscado.
7. Soporte roscado de apriete.

Rueda loca

Una rueda loca es un conjunto mecánico que permite la rotación de una rueda, de forma que esta puede girar en cualquier dirección. Un ejemplo de este mecanismo serían las ruedas de los carros de la compra.

La siguiente imagen muestra un despiece de este mecanismo.

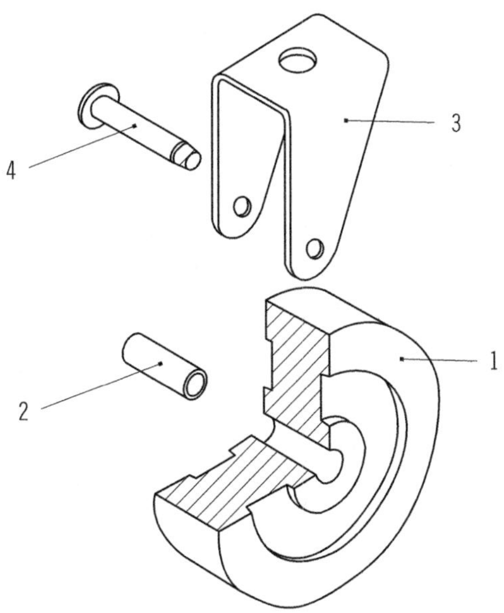

Los elementos que conforman una rueda loca son:

1. Rueda.
2. Casquillo o pasador.
3. Tornillo.
4. Soporte roscado.

Aplicación práctica

Como trabajador de la empresa "Muebles Murillo" tiene que realizar el montaje de ruedas de soporte para una mesita. A continuación, se adjunta un plano representativo del conjunto. Identifique todos los elementos existentes.

Continúa en página siguiente >>

<< Viene de página anterior

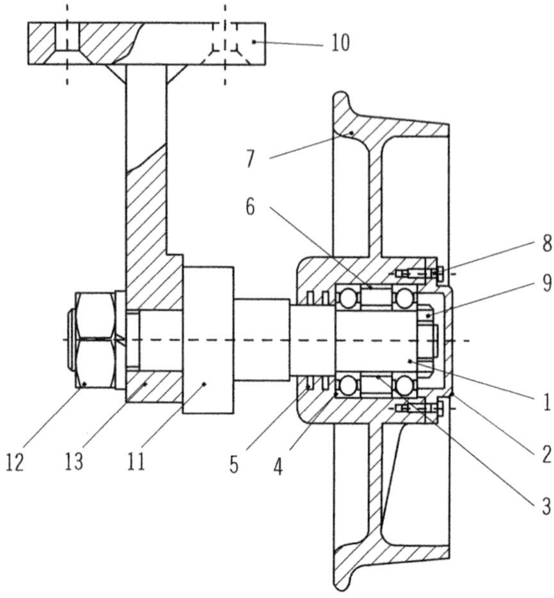

SOLUCIÓN

En la imagen anterior, se pueden observar que los diferentes elementos de los que se compone el conjunto a montar son:

1. Eje.
2. Tapa.
3. Anillo separador del eje.
4. Rodamiento rígido de bolas.
5. Anillo.
6. Anillo separador de la rueda.
7. Rueda.
8. Tornillo.
9. Tuerca.
10. Soporte.
11. Cuerpo del soporte.
12. Tuerca hexagonal.
13. Arandela grower.

Continúa en página siguiente >>

<< Viene de página anterior

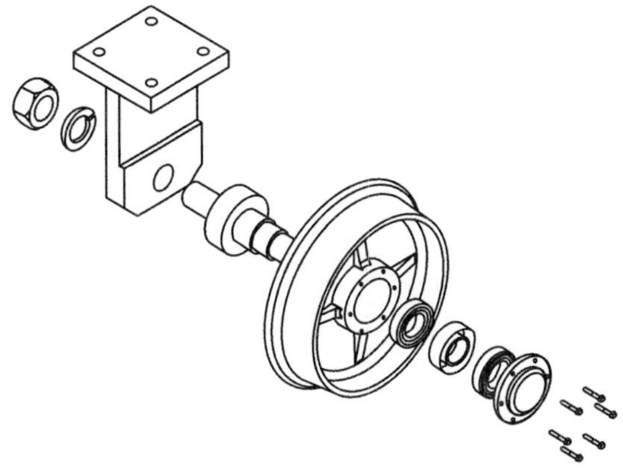

Volante de inercia

Un volante de inercia es un conjunto mecánico muy empleado en los automóviles, que permite el almacenamiento de energía cinética para mantener la regularidad del giro o par, producido por un motor de combustión interna.

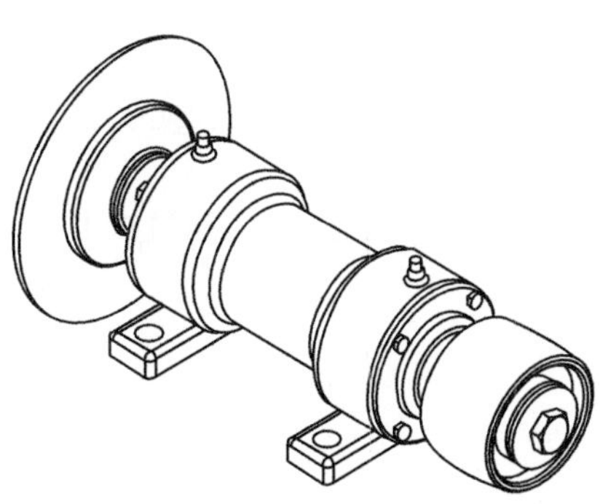

A continuación, se puede observar el despiece de este dispositivo mecánico:

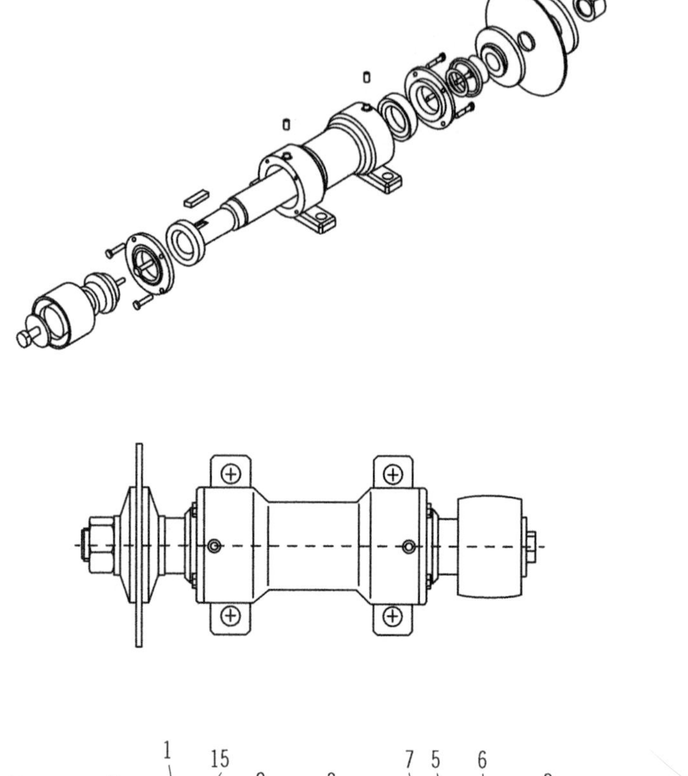

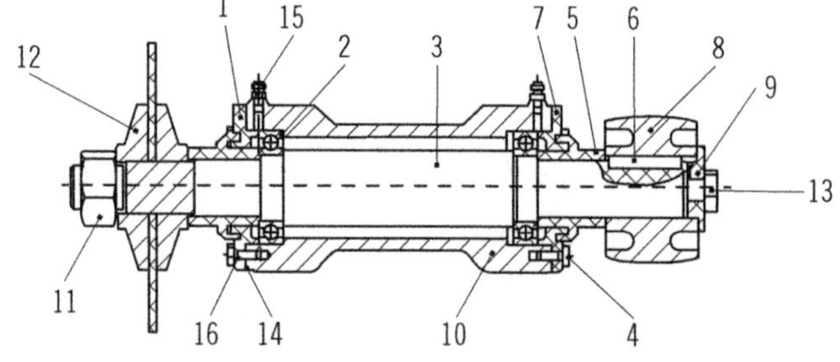

En la imagen se pueden observar los siguientes elementos:

1. Tapa.
2. Rodamiento rígido de bolas.
3. Eje.

4. Tornillo de cabeza hexagonal.
5. Anillo separador.
6. Chaveta plana.
7. Tapa de anclaje.
8. Volante de giro.
9. Tapa.
10. Carcasa.
11. Tornillo de cabeza hexagonal.
12. Soporte de anclaje.
13. Tornillo de cierre.
14. Junta.
15. Engrasador cabeza plana.
16. Arandela grower.

Aplicación práctica

En el taller de reparaciones "Arreglos Mateo" atiende a un cliente que necesita la reparación de un eje reductor. Tras observar dicho dispositivo comprueba que no es posible repararlo; se lo comunica al cliente y este decide montar un dispositivo nuevo, que usted debe pedir al almacén. Una semana después llega el pedido que realizó. Antes de proceder a su montaje, compruebe, basándose en el plano, la existencia de todas las piezas e identifíquelas con la ayuda de la siguiente lista que adjunta el pedido.

Lista:

1. **Eje.**
2. **Rodamiento rígido de bolas.**
3. **Tapa de engrase.**
4. **Anillo de seguridad.**
5. **Anillo retención de aceite.**
6. **Tornillo cabeza Allen.**
7. **Tapa.**
8. **Chaveta plana.**

Continúa en página siguiente >>

<< Viene de página anterior

Plano:

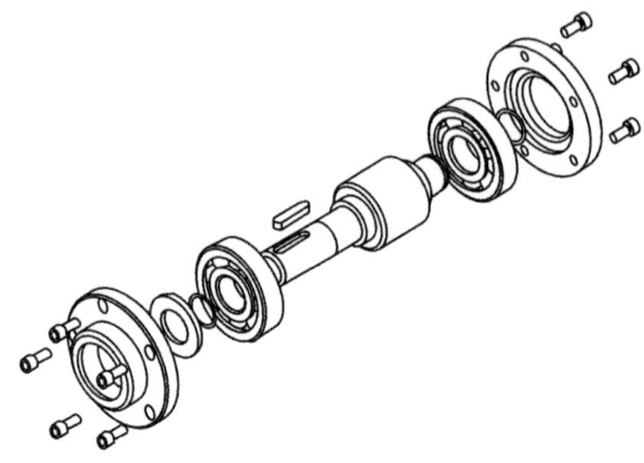

SOLUCIÓN

Según la lista y el plano aportados se puede ver que se encuentran todas las piezas necesarias para su montaje; a continuación se muestra la identificación de todas ellas en el plano.

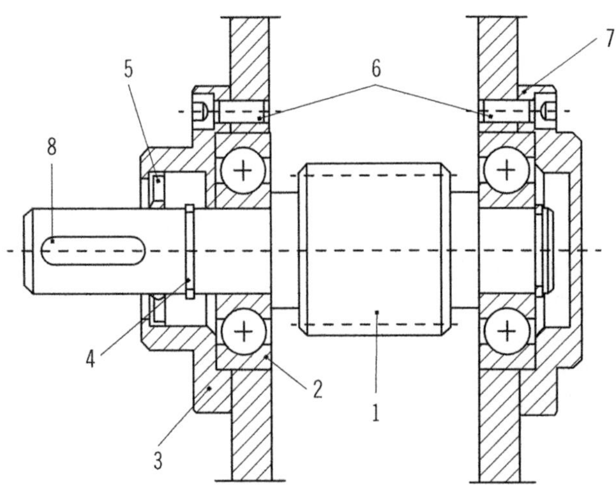

4. Preparación y disposición en orden de montaje de materiales

Para el montaje de conjuntos mecánicos es necesario preparar todos los elementos que van a intervenir en la construcción y ensamblado de la estructura o conjunto, además de realizar una correcta planificación del proceso. Para ello, es indispensable realizar un estudio previo que permita conocer qué es lo que va a ser ensamblado, qué materiales serán necesarios y qué herramientas y máquinas se utilizarán en el proceso de montaje o ensamblado.

En cada caso el orden de montaje lo establecerán los diferentes documentos técnicos y planos de montaje de la estructura o conjunto. Siempre hay que ceñirse a las especificaciones técnicas especificadas en el proyecto o instrucciones aportadas por el fabricante; y para los casos en los que sea necesario realizar cambios del orden establecido en proyecto, será consultado con el fabricante o director del proyecto, quien aprobará dichos cambios.

Las estructuras metálicas constan de muchos elementos que suponen un coste elevado, por lo que ha de cuidarse su preparación dedicando el tiempo necesario para asegurarnos de la correcta ejecución de todas las operaciones.

El primer paso que debe realizarse en el montaje de una estructura metálica o nave de grandes dimensiones es el acondicionamiento del terreno donde se asentará la estructura. En esta parte están recogidas las operaciones de movimientos de tierra, desmonte, allanamiento del terreno, etc.

Posteriormente se procederá con la cimentación de la estructura, que será la base de apoyo que soportará las cargas estructurales y de uso de la nave.

En este punto se colocarán los anclajes que servirán para la unión de los pilares con la cimentación. Estos elementos deben estar en posición correcta y bien alineados. Una vez fraguado el hormigón, se procederá a colocar la pletina en la base de los pilares, que permitirá un correcto apoyo de todo el perfil del pilar.

La pletina puede tener los agujeros previamente realizados; sin embargo, es conveniente realizarlos en obra, ya que durante el proceso de vertido de hormigón los anclajes pueden sufrir variaciones o desplazamientos indeseados, con lo que podría no encajar a la hora de colocarla. Este dispositivo consta de una pletina en la base y diferentes pletinas verticales que se unen mediante soldadura o roscados con tornillos.

Aplicación práctica

Durante la construcción de una estructura metálica, le han encargado las tareas de preparación de los materiales para el montaje de todos los pilares de la nave, de forma que su construcción sea un proceso sistemático y ordenado. Nombre algunas de las actuaciones que realizará.

SOLUCIÓN

Basándose en planos y documentación técnica se tratarán de identificar todos los elementos y procesos que deben realizarse para su construcción.

Continúa en página siguiente >>

<< Viene de página anterior

Habrá que dirigirse hacia la zona de acopio de material e identificar dichos materiales para poder desplazarlos a la zona en la que se va a proceder a su construcción. Previamente habrá que asegurarse de que todas las piezas se encuentran en buen estado e identificar para cada elemento los trabajos previos que fuesen necesarios.

Haré una lista con el equipo y herramientas necesarias para realizar las labores necesarias para su construcción y pedir el material con suficiente antelación para comprobar su correcto funcionamiento.

Realizar una simulación de la construcción de los elementos, para identificar y establecer el proceso óptimo que ha de llevarse a cabo a la hora de su construcción real.

La siguiente imagen muestra algunos de los tipos de uniones que pueden realizarse en la base de los pilares.

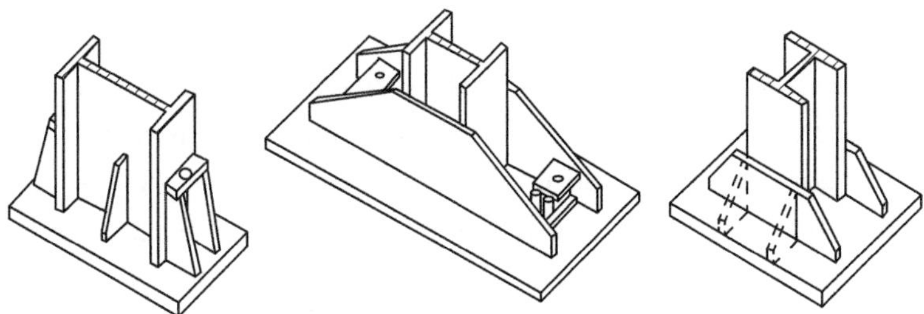

Importante

Los trabajos de soldadura en piezas metálicas deben realizarse antes de abrir agujeros en la pieza o en zonas alejadas a estos, ya que el calor producido puede modificar la forma de los huecos con el inconveniente de impedir la correcta colocación del tornillo.

Todos estos trabajos son previos al izado del pilar y deben realizarse en el orden correcto para asegurarnos de que todas las piezas encajan perfectamente.

Una vez realizados los trabajos previos, se procede a montar los pilares de la estructura mediante una grúa; este paso es muy importante realizarlo de forma correcta y segura, manteniendo una alineación adecuada, ya que cualquier desviación no admisible en la colocación de los pilares puede causar errores en las uniones de los diferentes elementos restantes que componen la estructura, siendo imposible su armado o montaje.

Colocados todos los pilares, se procede al montaje de las vigas, dinteles y cerchas; todos estos elementos se montan en el suelo para después ser izados por tramos mediante una grúa. Hasta que todos los elementos que componen una estructura no sean colocados y debidamente fijados, la estructura es altamente inestable, por lo que puede verse comprometida su seguridad. Por ello antes de comenzar a realizar la colocación de los elementos estructurales en altura, debemos asegurarnos de la existencia de todos los elementos necesarios, así como el correcto ensamblado de los mismos cumpliendo con las especificaciones dimensionales y características generales establecidas en proyecto.

Nota

El tiempo empleado en preparar no solo todos los elementos de una estructura, sino también las herramientas y personas para el desempeño de cierta labor o proceso, se ve enormemente compensado por la minimización de errores, la reducción de accidentes y el cumplimiento de los plazos previstos para su ejecución.

Uno de los pasos que podemos llevar a cabo para asegurarnos tanto de la existencia de los elementos, como de su estado correcto para ser colocado, es presentar el montaje de toda la instalación en el suelo de la nave. De esta forma identificaremos la falta de algún elemento fundamental o las posibles diferencias o errores entre el conjunto de piezas, que pueda ser causado por factores como un incorrecto montaje de algunas piezas, errores de fabricación, desalineaciones y desperfectos producidos por el transporte y almacenaje de las piezas, etc.

Nota

Presentar una estructura es realizar una simulación de la construcción de la misma, colocando todos los elementos en el orden, configuración y disposición similar a la que se va a llevar a cabo en la estructura. Este proceso nos permite identificar posibles errores o falta de material, además de permitirnos identificar de forma correcta las diferentes actuaciones que debemos llevar a cabo durante su construcción, así como las herramientas que vamos a emplear en el proceso.

Los montadores en altura serán los encargados de colocar debidamente los elementos y afianzar las piezas mediante uniones soldadas, atornilladas o remachadas. Siempre siguiendo la configuración establecida en el proyecto y llevando a cabo su construcción en el mismo orden establecido en la presentación previa de la estructura.

En el caso de ser necesaria la combinación de varios procesos de unión, se tendrá en cuenta el calor generado por la soldadura, ya que puede variar las dimensiones de los elementos. También debemos ser conscientes de que tanto las uniones soldadas como las remachadas son uniones permanentes, por lo que antes de proceder a su ejecución debemos asegurarnos del orden de montaje de los elementos, puesto que una vez unidos será complicado o prácticamente imposible deshacer la unión.

Nota

Mantener un cierto orden en las tareas de construcción y montaje de una estructura nos permitirá reducir tiempos en los procesos, identificar errores con antelación y establecer unas pautas para la construcción correcta y segura de la estructura.

5. Aplicación de normas de seguridad en el trabajo

Los trabajos de montaje requieren habilidades y destrezas especiales por parte del operario, que generalmente adquiere por la práctica diaria. Además, en ocasiones estas tareas de montaje pueden resultar peligrosas y arriesgadas, como es el caso del montaje de estructuras, puesto que exigen al operario trabajar bajo unas duras condiciones físicas.

Para el montaje de estructuras, en muchas ocasiones es necesario realizar operaciones en altura, lo que eleva la peligrosidad del trabajo y exige una gran concentración por parte del operario. También el manejo de materiales pesados, que pueden ser arrojados de forma accidental, constituye uno de los peligros a tener en cuenta a la hora de trabajar en altura.

Para minimizar el riesgo de accidentes y reducir su peligrosidad es necesario aplicar una serie de normas que protejan tanto al trabajador como a cualquier persona que se encuentre dentro o cerca de la instalación.

Estos riesgos son generados por las operaciones más comunes en el montaje de estructuras metálicas, que podemos dividir en cuatro grupos:

- **El descargado del material.** Puesto que se trata de elementos muy pesados, tanto la carga como descarga de los materiales debe realizarse de forma cuidadosa y segura, sin comprometer nunca la integridad física de las personas.

- **Alzado y desplazamiento del material.** Al igual que antes, se trata de material pesado que debe ser desplazado con la maquinaria y mecanismos adecuados.

- **Colocación de las piezas.** Los elementos que constituyen una estructura mecánica deben ser correctamente posicionados para evitar posibles errores durante la construcción de la misma. Estas tareas pueden resultar arriesgadas si intervienen elementos voluminosos, maquinaria pesada, o se realizan en altura.

- **Ensamblaje de la estructura.** La unión de las partes de una estructura se puede realizar mediante soldadura, remachado o unión roscada; sin embargo, aunque estas operaciones pueden resultar sencillas de realizar en taller, generalmente son operaciones complicadas y arriesgadas de ejecutar en obra, debido a las condiciones a las que puede estar expuesto el operario.

Seguidamente, vamos a identificar dentro de estos cuatro grupos los posibles riesgos que pueden darse tanto en la obra como en el montaje de una estructura o conjunto mecánico fijo o desmontable.

Aplicación práctica

Se va a comenzar a construir una nave de grandes dimensiones en el polígono "Las Margaritas". Todos los materiales vendrán en diferentes partidas a lo lago de la obra; su jefe le ha destinado como responsable de la recepción del primer pedido, que se trata de varios mallados de acero corrugado para la cimentación. Este pedido viene enrollado y además de ocupar un gran volumen, tiene un peso considerable. Comente brevemente algunas de las consideraciones que tendría en cuenta a la hora de proceder a su descarga.

SOLUCIÓN

En primer lugar, se deberá inspeccionar la zona donde se va a descargar el material, comprobando que sea un lugar seguro y no moleste a la hora de realizar cualquier otra actividad. También se tendría que comprobar que el material en cuestión es el correcto y que se encuentra en buenas condiciones.

Después, si el material debe ser descargado con una grúa, hay que cerciorarse de que la persona que la maneja está autorizada y cuenta con todos los dispositivos de seguridad; asegurando también de que todas las personas que van a intervenir en el proceso usan equipos de protección adecuados.

Antes de proceder al levantamiento de la carga, hay que asegurarse de que está correctamente sujeta y de que no existe ningún elemento que pueda caerse durante su movimiento, además de no encontrarse amarrada o enganchada a ningún elemento innecesario.

Finalmente, durante su traslado se establecerá una zona de seguridad impidiendo que la mercancía discurra sobre las personas. El guiado de la carga se realizará mediante cuerdas o cables, guardando una cierta distancia de seguridad.

Descargado de material

Durante los procesos de carga y descarga de materiales en obra se pueden presentar situaciones de riesgo, a continuación, se enumeran algunos de estos riesgos y varias medidas para prevenirlos:

- Desprendimiento o caída de objetos amarrados con cadenas, ganchos, eslingas o cables.

  - Antes de proceder a la carga o descarga de material se debe comprobar que los elementos de sujeción empleados son capaces de soportar el peso de la carga.
  - Tensar los amarres a la hora de izar la carga.
  - No actuar sobre cables, cadenas ni cualquier dispositivo de sujeción una vez tensado.
  - Mantener una distancia de seguridad con la maquinaria durante los procesos de izado de carga.
  - No realizar movimientos de cargas sobre las personas.

- Caídas, tropiezos y resbalones de personas.

  - Evitar líquidos derramados en las zonas de paso.
  - Evitar material suelto o elementos esparcidos en las zonas de paso que puedan producir tropiezos.
  - Señalizar la existencia de zanjas y desniveles.
  - Colocar vallas de seguridad y redes en zanjas o zonas de gran desnivel.

- Arañazos, rasguños y cortes.
  - Evitar materiales punzantes o cortantes en suelos y zonas que puedan producir daño a las personas.
  - Evitar la presencia de cristales en suelos y estancias por las que discurra el personal.
  - Emplear equipos de seguridad tales como botas y guantes.
- Atrapamiento debido a la carga.
  - Realizar el desplazamiento y sujeción de la carga mediante cuerdas, cadenas o cables, nunca directamente con las manos.
  - Evitar actuar sobre los elementos de sujeción de la carga una vez se encuentren cargados.
  - Uso de los equipos de protección compuestos por casco, botas y guantes.
- Aplastamiento por vuelco de vehículos o maquinaria.
  - Evitar el paso continuo de vehículos por zonas cercanas a zanjas y terraplenes que pueda producir el vuelco de la maquinaria.
  - Asentar correctamente las patas de la grúa durante los procesos de movimiento de cargas.
  - No estacionar la maquinaria o vehículos cerca de zanjas o terraplenes.
- Climatología adversa.
  - Especial atención a las rachas de viento durante trabajos en altura.
  - Evitar la exposición prolongada al sol durante los meses estivales e hidratarse adecuadamente.
  - Ropa de trabajo adecuada a las tareas a realizar y climatología existente.
- Evitar trabajos con posturas incorrectas.

Recuerde

Los trabajos de montaje requieren habilidades y destrezas especiales por parte del operario, que generalmente adquiere con la práctica diaria.

Aplicación práctica

Realizando una búsqueda activa de empleo, observa una oferta de "Montador de estructuras metálicas" en su ciudad. Antes de realizar un currículum con su experiencia, decide identificar cuáles de sus aptitudes personales y condiciones físicas son más favorables para el desempeño de esta actividad en altura. Para ello necesita conocer los requerimientos que exige dicho trabajo al operario. ¿Cuáles cree que pueden ser algunos de esos requerimientos?

SOLUCIÓN

Los trabajos en altura son actividades de alto riesgo, que exigen unas condiciones físicas y mentales adecuadas por parte del operario. Algunas de las condiciones que debe reunir un operario para desempeñar dicha actividad son:

- No padecer ningún problema cardiaco.
- Poseer una visión y audición correctas.
- Tener unos reflejos adecuados.
- Poseer una condición física adecuada.
- No padecer ningún síntoma que impida el movimiento correcto del cuerpo.
- Poseer cierta habilidad manual.
- Poseer un sentido de la responsabilidad elevado.
- Poseer una gran percepción y comprensión espacial elevada.

Alzado y desplazamiento del material

Durante los procesos de levantamiento y desplazamiento de los materiales en obra con maquinaria pueden presentarse situaciones de riesgo; a continuación, se muestran algunos de estos riesgos y varias medidas para prevenirlos:

- Desprendimiento o caída de objetos que no están amarrados de una forma correcta y segura:

  - Los procesos de amarre de la carga los realizarán personas con conocimientos de las técnicas de sujeción.
  - El levantamiento y movimiento de la carga se realizará con la maquinaria adecuada y por el personal autorizado.
  - Utilizar ganchos y dispositivos de seguridad en la sujeción de cargas.
  - Para los movimientos de la carga, esta debe situarse a una altura tal que evite obstáculos o posibles accidentes.
  - Emplear equipos de protección individual adecuados.

- Caídas, tropiezos y resbalones de personas:

  - Evitar líquidos derramados en las zonas de paso.
  - Evitar material suelto o elementos esparcidos en las zonas de paso que puedan producir tropiezos.

- Señalizar la existencia de zanjas y desniveles.
- Colocar vallas de seguridad y redes en zanjas o zonas de gran desnivel.

- Arañazos, rasguños y cortes:

  - Evitar materiales punzantes o cortantes en suelos y zonas que puedan producir daño a las personas.
  - Evitar la presencia de cristales en suelos y estancias por las que discurra el personal.
  - Emplear equipos de seguridad homologados que brinden protección total al operario. Este tipo de indumentaria suele constar de un mono de trabajo con mangas ajustadas para evitar agarrones, casco, botas y guantes; aunque varía en función de la labor desempeñada por el operario.

- Desprendimiento de material:

  - Evitar herramientas, útiles o restos de material sueltos sobre la carga elevada, ya que pueden ser arrojados durante su desplazamiento.
  - Antes de elevar la carga revisar la presencia de material que pueda ser susceptible de ser arrojado.
  - Establecer un área de protección alrededor de la carga durante el proceso de alzado y desplazamiento de la misma.

Es obligatorio usar casco

- Atascamiento o enganche de la carga:
  - Comprobar el estado de la carga contra posibles enganches, antes de proceder a su izado.
  - Durante el traslado de la carga, evitar discurrir esta por zonas estrechas donde puedan producirse atascos o enganches de la mercancía.
  - En caso de producirse un enganche accidental de la carga, proceder a su liberación de forma segura, evitando exponer a las personas a situaciones de peligro o riesgo.
  - Evitar manipular directamente la carga cuando se producen enganches accidentales.
- Accidentes de circulación:
  - Señalizar las zonas de paso de las personas y de la maquinaria.
  - Respetar las normas de conducción y manejabilidad específica de la maquinaria.
  - No realizar movimientos y traslados de carga a velocidades excesivas.
- Aplastamiento por vuelco de vehículos o maquinaria:
  - Evitar el paso continuo de vehículos por zonas cercanas a zanjas y terraplenes que puedan producir el vuelco de la maquinaria.
  - Asentar correctamente las patas de la grúa durante los procesos de movimiento de cargas.
  - No estacionar la maquinaria o vehículo cerca de zanjas o terraplenes.

- Climatología adversa:
  - Especial atención a las rachas de viento durante los trabajos en altura.
  - Evitar la exposición prolongada al sol durante los meses estivales e hidratarse adecuadamente.
  - Ropa de trabajo adecuada a las tareas a realizar y a la climatología existente.

Las plataformas petrolíferas son uno de los lugares más hostiles para trabajar. En este tipo de situaciones es de vital importancia extremar las medidas de seguridad para evitar accidentes.

Colocación de piezas

Los trabajos de posicionamiento de los elementos que se van a colocar en obra pueden presentar situaciones de riesgo; a continuación, se muestran algunos de estos riesgos y varias medidas para prevenirlos:

- Trabajos en altura:
  - Emplear la plataforma elevadora durante los procesos de marcado y fijación de la estructura.
  - Asentar correctamente la plataforma antes de realizar la elevación de la misma.
  - Evitar situar plataformas elevadoras en zonas inclinadas, con desnivel o cerca de zanjas.

- Emplear cables de seguridad y líneas de vida.
- Manejo de la plataforma elevadora por personal cualificado y autorizado.
- Evitar el paso de maquinaria o personas cerca de la plataforma elevadora.

Operario realizando tareas de montaje en altura en un poste eléctrico

- Caída de herramientas, utensilios y piezas:

  - Usar cinturones y dispositivos que permitan guardar las herramientas y útiles de forma segura, sin que se produzca su arrojamiento de forma accidental.
  - Señalizar la zona de trabajo en altura.
  - Empleo de casco y equipos de protección en las zonas cercanas a trabajos en altura.
  - Uso de amarres de seguridad para las herramientas.

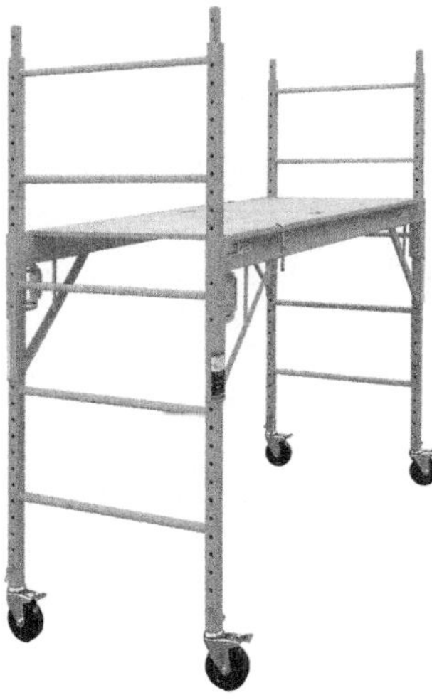

- Arañazos, rasguños, cortes, daño ocular:
  - Evitar materiales punzantes o cortantes en la zona de trabajo.
  - Emplear equipos de seguridad tales como botas y guantes.
  - Uso de gafas de protección durante las tareas de fijación de elementos que puedan proyectar partículas.
  - Empleo de protección ocular correcta durante los procesos de soldadura.
- Evitar trabajos con posturas incorrectas:
  - Empleo de las herramientas adecuadas y dispositivos mecánicos que permitan una correcta colocación anatómica del trabajador.
- Climatología adversa:
  - Especial atención a las rachas de viento durante trabajos en altura.
  - Cuidado con resbalones producidos por humedad o lluvia
  - Evitar la exposición prolongada al sol durante los meses estivales e hidratarse adecuadamente.
  - Ropa de trabajo adecuada a las tareas a realizar y climatología existente.

Ensamblaje de la estructura

Los trabajos de ensamblaje de los elementos que conforman una estructura pueden presentar situaciones de riesgo; seguidamente se muestran algunos de estos riesgos y varias medidas para prevenirlos:

- Trabajos en altura:
  - Emplear plataforma elevadora durante los procesos de marcado y fijación de la estructura.
  - Asentar correctamente la plataforma antes de realizar la elevación de la misma.
  - Evitar situar plataformas elevadoras en zonas inclinadas, con desnivel o cerca de zanjas.
  - Emplear cables de seguridad y líneas de vida.
  - Manejo de la plataforma elevadora por personal cualificado y autorizado.
  - Evitar el paso de maquinaria o personas cerca de la plataforma elevadora.

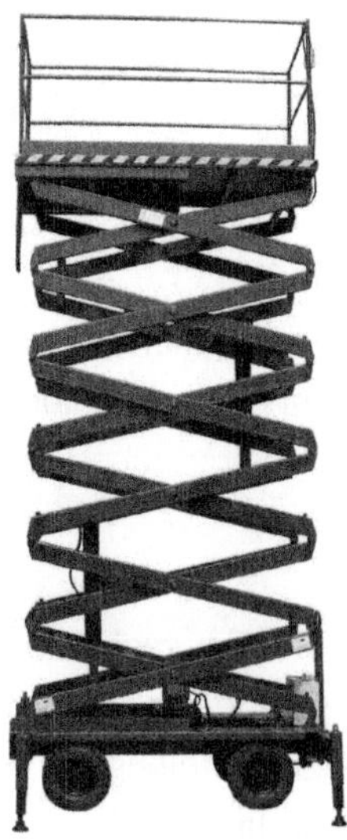

- Caída de herramientas, utensilios y piezas:

  - Usar cinturones y dispositivos que permitan guardar las herramientas y útiles de forma segura, sin que se produzca su caída de forma accidental.
  - Señalizar la zona de trabajo en altura.
  - Empleo de casco y equipos de protección en las zonas cercanas a los trabajos en altura.
  - Uso de amarres de seguridad para las herramientas.

- Arañazos, rasguños, cortes, daño ocular.

  - Evitar materiales punzantes o cortantes en la zona de trabajo.
  - Emplear equipos de seguridad tales como botas y guantes.
  - Uso de gafas de protección durante las tareas de fijación de elementos que puedan proyectar partículas.
  - Empleo de protección ocular correcta durante los procesos de soldadura.

- Evitar trabajos con posturas incorrectas:

  - Empleo de las herramientas adecuadas y dispositivos mecánicos que permitan una correcta colocación anatómica del trabajador.

- Accidentes por soldadura:

  - Evitar tocar cordones de soldadura recientes, ya que pueden producir quemaduras; emplear guantes y protecciones.
  - Prestar especial atención a los equipos que funcionen con energía eléctrica y revisar sus componentes, para evitar posibles accidentes eléctricos.
  - Utilizar equipos de protección para soldaduras: guantes, protección ocular adecuada, etc.

- Climatología adversa:
  - Especial atención a las rachas de viento durante trabajos en altura.
  - Cuidado con los resbalones producidos por la humedad o la lluvia
  - Evitar la exposición prolongada al sol durante los meses estivales e hidratarse adecuadamente.
  - Ropa de trabajo adecuada a las tareas a realizar y climatología existente.

Importante

Las rachas de viento son un gran peligro en trabajos en altura al aire libre, ya que pueden aparecer con gran fuerza y sin previo aviso. Para solventar este peligro es recomendable el uso de arneses de seguridad por parte de los operarios.

Aplicación práctica

Como encargado de supervisar la seguridad de la obra de una nueva nave en el polígono "Las Margaritas" debe dar un cursillo de seguridad y salud a un compañero nuevo que se acaba de incorporar a los trabajos en altura. Haga un breve resumen de algunos de los puntos importantes que deberá desarrollar en el curso.

SOLUCIÓN

Al tratarse de trabajos en altura, cualquier actividad de riesgo medio puede convertirse en una situación de riesgo bastante elevado, que incluso puede costar la vida del operario y de los compañeros que se encuentren trabajando cerca. Para evitar estas situaciones y minimizar las consecuencias negativas, existen algunos riesgos, exposiciones y situaciones que se deben conocer y a las que se tiene que prestar suficiente atención.

Continúa en página siguiente >>

<< Viene de página anterior

Recomendaciones para minimizar riesgos con trabajos en altura:

- Delimitar la zona de trabajo en la superficie e indicar que se están realizando trabajos en altura.
- Utilizar los equipos de protección adecuados a la tarea a realizar.
- Emplear líneas de vida.
- Usar andamios correctamente colocados y homologados.
- Emplear máquinas elevadoras, correctamente asentadas.
- Usar cinturón portaherramientas.
- No arrojar material hacia el suelo desde las alturas.
- Evitar posturas incorrectas en los trabajos.
- Evitar exponerse a situaciones climatológicas que supongan un riesgo para el operario.
- No tener vértigo o miedo a las alturas.
- No poseer enfermedad que pueda poner en situación de riesgo al operario durante su trabajo.

6. Resumen

A lo largo del presente capítulo se ha estudiado cómo realizar el montaje de un conjunto o estructura a partir de una Hoja de Proceso, identificando todos los elementos en juego. Se ha aprendido a realizar una Hoja de Proceso, e interpretar correctamente los distintos documentos técnicos aportados para ejecutar las operaciones de montaje y ensamble de conjuntos y subconjuntos.

Además de conocer las ventajas de invertir tiempo en la preparación y disposición de un orden de montaje de los materiales, se ha conocido las particularidades en la construcción de una estructura fija o desmontable y la importancia de identificar debidamente todos los elementos componentes de conjuntos y subconjuntos.

Finalmente, se han expuesto una serie de aplicaciones y recomendaciones en cuanto a normas de seguridad en el trabajo, dividido en los campos de riesgo más habituales de los trabajos de montaje de estructuras en obras.

Ejercicios de repaso y autoevaluación

1. **¿Qué documento de los que se detallan a continuación permiten plasmar la información necesaria o parte de ella para realizar, de forma correcta, las tareas de fabricación, elaboración y montaje de un conjunto o estructura?**

   a. Ficha de Operaciones.
   b. Hoja de Ruta.
   c. Hoja de Proceso.
   d. Todas las opciones son correctas.

2. **Una Hoja de Proceso es un documento que el operario usa única y exclusivamente para el montaje de un conjunto o estructura, sin poder realizar ningún tipo de observación o anotación en ella.**

   ☐ Verdadero: es un documento previamente elaborado, al cual debe ceñirse el operario sin poder efectuar anotación alguna.
   ☐ Falso: es un documento flexible que permite al operario extraer la información necesaria de cierta operación y en el que puede incluir las anotaciones que en su caso considere convenientes.

3. **Uno de los usos más comunes de la hoja de proceso es:**

   a. Servir de guía a los técnicos desarrolladores de un producto.
   b. El empleo de la misma para la elaboración y ensamblaje de una estructura o conjunto.
   c. Permitir realizar cuantas anotaciones sean necesarias durante el proceso de elaboración de un producto incluyendo los procesos de montaje o ensamblado.
   d. Todas las opciones son correctas.

4. **Una cercha es:**

   a. Una agrupación de perfiles metálicos de forma ordenada.
   b. Un subconjunto metálico de una estructura, que permite salvaguardar distancias mayores que los dinteles.

c. Una estructura de varios perfiles, correctamente dispuestos para soportar todo tipo de cargas, su colocación puede ser vertical u horizontal.
d. Las opciones b y c son correctas.

5. A la viga que soporta una grúa y sirve como trazado para su desplazamiento se le denomina...

a. ... viga carril.
b. ... viga de apoyo.
c. ... viga resistente.
d. ... viga grúa.

6. ¿Por qué es importante mantener un orden en el montaje de los elementos de una estructura?

a. Permite reducir tiempo y costes en su construcción.
b. Facilita la identificación de errores.
c. Permite establecer pautas de construcción segura.
d. Agiliza las tareas constructivas.
e. Todas las opciones son correctas.

7. Los trabajos realizados en altura resultan ser:

a. Trabajos sencillos y poco peligrosos.
b. Trabajos que requieren una formación especial.
c. Trabajos que exigen al operario una condición física y concentración adecuada.
d. Las opciones b y c son correctas.

8. Las operaciones más comunes en el montaje de estructuras metálicas son el descargado de material,...

a. ... el cargado de material, izado de elementos y ensamblaje de la estructura.
b. ... la construcción de la estructura, ensamblaje de la estructura y fijación de la estructura.

c. ... el ensamblaje de la estructura, colocación de las piezas y alzado y desplazamiento del material.
d. ... el cargado del material, construcción de la estructura, comprobación de la estructura.

9. Nombre tres posibles riesgos derivados de las tareas de colocación de piezas en altura.

____

____

____

____

10. Una de las medidas para reducir la peligrosidad de los trabajos en altura son:

a. El empleo de líneas de vida.
b. Colocar una colchoneta bajo la zona de trabajo.
c. Sujetar a las personas mediante grúas de carga.
d. Todas las opciones son correctas.

Capítulo 4

Almacenaje y transporte de materiales

Contenido

1. Introducción

En este capítulo se abordará un aspecto importante a la hora de trabajar con materiales complejos y pesados como es el almacenaje y transporte de los mismos.

Se hará un especial hincapié en la correcta colocación de los materiales para el transporte a través de equipos y maquinarias auxiliares, tales como grúas, cintas, transpalés, polipastos, etc.

Se aprenderá a mover manualmente cargas pesadas de forma correcta y segura atendiendo a la normativa de seguridad e higiene en el trabajo. Además, se explorarán las distintas técnicas y medios para realizar un correcto mantenimiento y limpieza de la maquinaria y herramientas empleadas en los procesos de transporte y colocación de cargas.

Finalmente, se expondrán los procesos y procedimientos para la gestión de residuos y embalajes siguiendo las normativas para la protección del medioambiente.

2. Transporte y colocación de materiales

El transporte es el cambio de situación geográfica de personas o bienes materiales. Según la logística esta actividad consiste en realizar un desplazamiento de la mercancía hacia una ubicación deseada y en un tiempo determinado.

Importante

Realizar un correcto transporte de materiales mejora la productividad, reduce costos, accidentes de trabajo, tiempos de fabricación, y evita pérdidas de material.

Realizar un correcto transporte de materiales presenta ventajas tales como reducir costos, mejorar la productividad, reducir la probabilidad y gravedad de los accidentes de trabajo, reducir tiempos en fabricación, evitar pérdidas de material, etc.

Otro aspecto importante en el movimiento de cargas es la colocación correcta de la mercancía transportada.

Almacenar es realizar el agrupamiento de la mercancía para guardarla o depositarla en un lugar determinado por un periodo de tiempo establecido.

El lugar donde se realizan las tareas de almacenaje recibe el nombre de almacén; el almacén es el espacio físico donde se reúne la mercancía de forma ordenada para su posterior distribución.

La mayoría de las fábricas industriales trabajan con materias primas que son entregadas en partidas voluminosas, por lo que suelen requerir a menudo tareas de almacenaje en fábrica. También muchos de los productos manufacturados en la fábrica son almacenados para su posterior distribución a comercios y otras fábricas.

Por tanto, realizar correctamente las tareas de almacenaje y transporte es fundamental en la industria, tanto por motivos de seguridad, como reducción de costes, eficiencia industrial y respeto al medioambiente.

2.1. Transporte y movimiento de cargas

El movimiento de las cargas en el almacén o en la fábrica y el transporte de los diferentes productos hacia comercios y fábricas secundarias son procesos que suponen costes importantes para la industria; sin embargo, añaden poco valor al producto. La tendencia actual en materia de logística consiste en reducir estos costes al mínimo posible, realizando una correcta planificación y control de los elementos que intervienen en los diferentes procesos de transporte y almacenaje.

Nota

Una mala planificación en los procesos de transporte y colocación de cargas es la principal causa de errores, pérdidas de material y aumenta considerablemente el número de accidentes. Además, también aumentará el tiempo de espera de los clientes, lo cual puede ser potencialmente negativo.

Para ello es necesario invertir en el análisis de los flujos de materiales, tanto en materia prima como en productos acabados, estudiar los diferentes sistemas de transporte existentes en el mercado y elegir el más eficiente para nuestros propósitos de fabricación. También es importante formar a los trabajadores en materia de almacenaje, para que se evite el movimiento de cargas de forma innecesaria dando lugar a costos económicos y de tiempo además de aumentar el riesgo de accidentes.

Almacén destinado a rollos de papel para la fabricación de cartón

Clasificación del transporte

En el transporte de mercancía se puede diferenciar entre:

- **Transporte externo:** hace referencia a todo aquel desplazamiento de mercancía que sucede fuera de la fábrica, como puede ser el transporte por carretera, ferrocarril, etc.

- **Transporte interno:** todo desplazamiento de material y elementos que ocurre dentro de la fábrica, industria o almacén y además tiene en cuenta los procesos de carga y descarga de mercancía en el punto de origen y destino.

Transporte externo

Los medios de transporte externos para el traslado de mercancías y personas a media y larga distancia se realizan generalmente mediante:

- **Barco:** medio de transporte que permite el traslado de grandes mercancías a largas distancias, soportando un coste relativamente bajo. Hay que tener especialmente en cuenta que es un medio de transporte lento, por lo que los pedidos en largas distancias deben ser planeados con suficiente antelación. A menudo es un medio de transporte que suele requerir la participación de otro medio para descargar la mercancía en los puntos de origen y destino.
  El transporte por barco está limitado a zonas con accesos al mar y ciudades con puerto.

- **Transporte por raíl:** el ferrocarril, o comúnmente llamado tren, es la máxima expresión del transporte a través de raíles; sin embargo, también podemos encontrar el metro, el tranvía, etc. El tren es un medio de transporte ideal para el traslado de grandes volúmenes de mercancía a media distancia, en un tiempo y coste reducido. No obstante, es un medio que generalmente necesita del transporte por carretera para descargar la mercancía en el punto de destino o para cargarla desde el punto origen.
- **Transporte por carretera:** la mayor parte de los traslados de mercancía y personas se realizan mediante el transporte por carretera; los medios generalmente empleados son el turismo, el camión o el autobús. Este medio permite el traslado de la mercancía a prácticamente cualquier lugar de destino u origen. Es el sistema comúnmente empleado en corta y media distancia. El aspecto negativo es el constante aumento de precio que sufren periódicamente los carburantes y el deterioro que los mismos están causando al medioambiente.
- **Transporte aéreo:** aunque el helicóptero es un medio de transporte aéreo, el más empleado en la actualidad es el avión. El avión permite el traslado de personas y mercancías en un tiempo reducido, lo que convierte a este medio de transporte en una opción óptima para largas distancias. Por el contrario, su coste es alto con respecto a otros medios y no permite el traslado de grandes volúmenes de mercancías.

Transporte interno

Todo desplazamiento de material y objetos que se produce dentro de una fábrica y no contempla ninguno de los medios anteriormente vistos en el transporte externo. Los medios de transporte generalmente usados en la industria son:

- Transpalés.
- Carretillas elevadoras.
- Grúas.
- Cintas o bandas transportadoras.
- Elevadores de cangilones.
- Polipastos.

Algunos aspectos que debemos tener en cuenta para elegir de forma adecuada el medio de transporte que vamos a utilizar para los desplazamientos de carga son:

- Tiempo empleado para realizar el movimiento de las cargas.
- Volumen de los materiales a desplazar.
- Riesgos que puede entrañar el desplazamiento de las cargas.
- Peso y dimensiones de la carga a transportar.
- Número de elementos o piezas a desplazar.
- Frecuencia del desplazamiento de las cargas o materiales.
- Espacio existente para el desplazamiento.
- Inversión disponible para la mejora del transporte de material.
- Existencia de secuencias en desplazamiento de materiales.

Aplicación práctica

Al acabar el proceso de fabricación de varias estructuras ornamentales para jardines (farolas, bancos, pérgolas, fuentes), bajo pedido de la constructora "Solorzano", debe efectuar el traslado de la mercancía al punto de destino fijado por la empresa, que se encuentra a 73 km de la fábrica en donde trabaja, situada en Antequera. Describa el medio o los medios de transporte que emplearía para el traslado de la mercancía y exponga los motivos de su elección.

SOLUCIÓN

Al tratarse de una distancia corta y que no se exigen plazos de entrega inmediatos, emplearía un medio de transporte terrestre, como el camión; aunque si el pedido exige un número considerable de portes, estudiaría la posibilidad de realizar el traslado de la mercancía vía ferrocarril.

2.2. Almacenaje de materiales y colocación

Como se ha estudiado anteriormente, en ocasiones en las fábricas e industrias es necesario almacenar materiales tales como la materia prima, para poder fabricar diversos elementos, o los productos ya acabados que están esperando a ser distribuidos en partidas. También destacar las empresas y oficios dedicados a la logística, donde las tareas de almacenaje constituyen una de las actividades principales a desarrollar.

Aunque a simple vista las tareas de almacenaje pueden parecer sencillas, puesto que almacenar es simplemente guardar de forma ordenada los diversos materiales u objetos para su posterior utilización o distribución, lo cierto es que se trata de una actividad que a menudo suele resultar tremendamente compleja cuanto mayor sea el volumen almacenado y el movimiento de las cargas.

El aspecto más importante del almacenaje y por tanto en el que se debe invertir más tiempo es **la planificación.** Realizar una correcta planificación permitirá reducir costes, mejorar la productividad, invertir menor tiempo en movimiento de cargas, evitar errores, reducir accidentes, evitar pérdidas de material, etc.

A continuación, se exponen una serie de recomendaciones a la hora de almacenar, transportar y colocar los materiales en el almacén:

- Comprobar la existencia de espacio suficiente para el almacenaje: muchos de los accidentes y errores que se producen en los almacenes son debidos a un mal uso de las instalaciones, llegando a realizarse tareas muy por encima de la capacidad que ofrecen estas.
- Identificar las características técnicas de la mercancía almacenada: algunos productos como materiales frágiles o productos alimenticios deben seguir unas especificaciones propias, tales como refrigeración para mantener la temperatura adecuada, evitar golpes, evitar colocar materiales pesados en la parte superior, etc.
- Colocar los materiales en estanterías de forma planificada: como norma los materiales más pesados deben colocarse en la parte inferior de las estanterías o en el suelo, de forma similar los materiales o mercancías cuyo manejo sea constante serán colocados en lugares donde su accesibilidad y rapidez de manejo permitan una rápida distribución de los mismos.

- A la hora de colocar los materiales en estanterías, deben colocarse de forma ordenada y repartida, evitar posibles accidentes por una colocación indebida, evitar descompensaciones en las estanterías que puedan producir accidentes, afianzar de forma segura y sujetar con amarres la mercancía en caso de que sea necesario.
- El material almacenado no debe producir la obstrucción de ventanas y sistemas de ventilación así como puertas de paso o emergencia.
- Distribuir de forma ordenada y correcta la mercancía en los distintos dispositivos empleados para su transporte. Sujetar la mercancía en el caso en que esta pueda ser arrojada o lanzada accidentalmente.
- El almacenamiento de los productos y materiales debe permitir la correcta visibilidad de la zona, no permitiendo ocultar completamente las lámparas y puntos de luz que iluminan la zona de trabajo.
- Evitar descompensaciones de peso a la hora de transportar la mercancía en camiones: si la mayor parte de la mercancía se encuentra apoyada o distribuida sobre un lateral del camión, puede provocar accidentes.
- Utilizar equipos de protección adecuados, tales como botas de seguridad, monos y trajes, guantes y casco cuando las tareas llevadas a cabo lo requieran.
- Evitar la obstrucción por parte de la mercancía almacenada de extintores, bocas de incendios y demás dispositivos.
- Mantener limpias de obstáculos y elementos que puedan resultar peligrosos (aceites, líquidos, etc.) las zonas de paso y de circulación de la mercancía y las personas.
- No sobrepasar la capacidad de carga de los elementos de transporte de mercancía, así como el peso máximo autorizado en las estanterías.
- Evitar obstruir u obstaculizar dispositivos eléctricos tales como interruptores, base de enchufes, conexionados eléctricos, equipos de seguridad eléctricos, dispositivos de corte y mando, cajas de fusibles, etc.
- Evitar obstruir u obstaculizar el botiquín y demás elementos de seguridad y primeros auxilios.
- Evitar obstruir u obstaculizar tomas de agua, válvulas, contadores, etc.
- Evitar obstruir u obstaculizar señalizaciones y elementos y dispositivos de advertencia.
- Los materiales especiales que por sus características físicas, químicas o radiactivas tengan que ser manejados por personal autorizado, en ningún momento podrán ser manipulados por personal no cualificado.

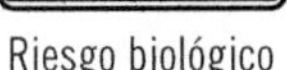

Riesgo biológico Riesgo tóxico Riesgo radiactivo

- Si la carga requiere protección especial por parte del trabajador, este deberá utilizarla obligatoriamente.
- Al colocar los materiales en estanterías o palés, se deberá comprobar la estabilidad y en caso de no ser seguro retirarlos o volverlos a colocar debidamente.
- Cuando el material se almacene en estanterías, propiciar el llenado de las mismas en orden ascendente, evitar colocar material en zonas altas si existen zonas de mejor acceso.
- A la hora de proceder a la descarga del material, evitar la presencia de personas demasiado cerca que puedan correr algún riesgo.
- Para el movimiento de cargas excesivamente pesadas utilizar medios que permitan el desplazamiento sin perjuicio del trabajador.
- Evitar establecer zonas de almacenados en lugares con irregularidades del terreno, tales como zonas inclinadas o presencia de huecos u hondonadas en el terreno.
- Destinar una zona de paso para la maquinaria y otra para las personas.
- En tareas de almacenamiento de materiales a granel, como arena, semillas, etc., evitar las zonas que puedan producir el hundimiento o enterramiento del personal.
- Los elementos rodantes deben ser almacenados de tal forma que se impida el deslizamiento o desplazamiento de forma accidental.
- Evitar desniveles en el almacenamiento de materiales similares y de formas regulares, tales como cajas, bidones, latas, que impidan la rápida manejabilidad y comprometan la estabilidad de los materiales almacenados.
- Si el envasado de la mercancía almacenada es cartón o cualquier material que pueda verse afectado por la humedad o cualquier otro efecto de tipo ambiental, será previsto y depositado en lugares secos y protegidos.

- Evitar elementos afilados o con punta cerca de las áreas de almacenaje que puedan producir rasgaduras, rotura o apertura de la mercancía y su envase.
- No emplear dispositivos o elementos para el trabajo de almacenaje y transporte si no se conoce el funcionamiento de los mismos o no se está autorizado para ello.
- A la hora de retirar el material almacenado, revisar con antelación que no se encuentra amarrado o fijo con algún dispositivo o elemento para tal fin.
- No realizar el manejo de la carga o material almacenado a una excesiva velocidad que pueda provocar situaciones de riesgo o accidente.
- A la hora de levantar cargas con grúas, polipastos y demás dispositivos, debe hacerse de forma suave y lenta, y evitar poner en peligro al personal circundante.
- En el caso de manejar dispositivos o elementos auxiliares que faciliten la tarea, seguir siempre las instrucciones y recomendaciones de uso.
- Evitar elevar cargas arrojadizas que puedan ser desprendidas por encima de personas.
- Evitar almacenar juntos materiales metálicos con potenciales de oxidación distintos para evitar problemas de corrosión.

Nota

En caso de existencia de cruces entre ambas zonas, señalizarlo debidamente.

3. Equipos y máquinas auxiliares

En muchas ocasiones es necesaria la utilización de maquinaria y equipos auxiliares por parte del trabajador, para facilitar las labores de transporte, colocación y almacenaje de los materiales; o porque debido a sus características, elevado peso, gran volumen, etc., resulta prácticamente imposible desplazarlos para el trabajador.

A continuación, se van a estudiar algunos de los equipos y maquinaria empleada en la industria para las labores de almacenaje, transporte y colocación de los materiales.

3.1. Cangilones

Los cangilones son dispositivos para el transporte vertical de materiales a granel, frutos, tubérculos, etc. Este sistema también se utiliza para el transporte de materiales húmedos o pastosos, así como líquidos.

Este sistema permite el transporte de material a gran altura y elevada velocidad a través de una serie de cubas o barreños, llamadas cangilones, cuya disposición está en serie unos con otros formando una cadena. El cangilón se llena en la parte más baja, mientras que en la parte más elevada se vacía mediante su vuelco y se dirige nuevamente a la parte inferior para su nuevo llenado.

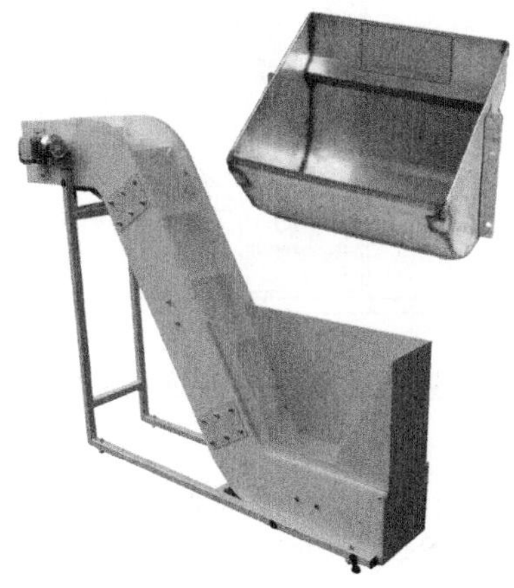

La siguiente figura muestra los principales elementos que constituyen un elevador de cangilones:

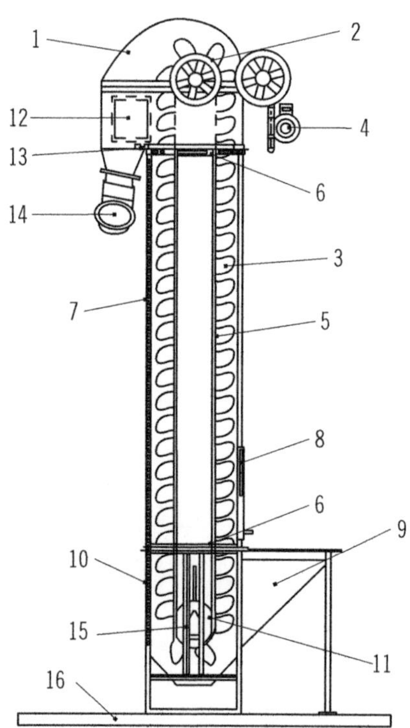

1. Cabeza
2. Polea de cabeza
3. Cangilón
4. Motor
5. Banda de cangilón
6. Brida de piernas
7. Piernas
8. Puerta de accesos
9. Tolva de alimentación
10. Bota
11. Polea de bota
12. Puerta de inspección
13. Lengueta ajustable
14. Doble descarga
15. Tensor de bota
16. Nivel de piso

3.2. Bandas transportadoras

Se le denomina cinta o banda transportadora al dispositivo generalmente fabricado en plástico, tejido o goma que forma una cadena cerrada o anillo, cuya función es el transporte de material.

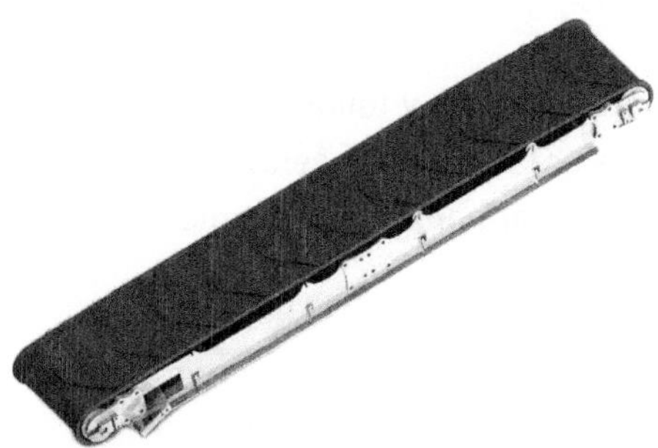

Las cintas transportadoras permiten el transporte de materiales muy diversos a gran velocidad, además de salvar pequeños desniveles. Se utilizan para el transporte tanto de productos a granel como objetos y materiales sólidos de diferentes tamaños y volúmenes.

Las diferentes partes que componen una cinta transportadora son:

- Banda o cinta.
- Tambor principal.
- Tambor o tambores secundarios.
- Tambores tensores.
- Rodillos.
- Bastidor.
- Elementos de carga y descarga.
- Sistemas de centrado de bandas.
- Freno antirretroceso.

Banda

Elemento de unión entre el tambor principal y el tambor secundario situado en el extremo opuesto. Su función es soportar y transportar la carga desde un punto origen hasta el punto de descarga del material.

Según el material en el que están fabricadas y su superficie, se encuentran:

- Bandas de gomas, cauchos y tejidos sintéticos.
- Bandas formadas por cables de acero.
- Bandas especiales, para productos químicos, corrosivos...
- Bandas con superficie lisa.
- Bandas de superficie rugosa.
- Bandas con laterales.
- Bandas con nervios.

Dependiendo del material a transportar, la velocidad y las solicitaciones a las que está expuesta la cinta o banda, elegiremos el tipo más adecuado. Generalmente se usan las fabricadas en goma de superficie lisa para el transporte horizontal de productos y materiales, mientras que las bandas de superficie nervada, rugosa o con bandas laterales se usan, bien para el transporte de materiales de superficie redondeada, o bien para el transporte de materiales donde existe cierto desnivel entre el punto de carga y el punto de descarga.

Tambor

Está formado por una rueda o rodillo que, mediante la tensión de la banda y la superficie de apoyo de la misma, permite el giro de la cinta por adherencia.

El tambor principal es el que a través de un dispositivo mecánico, generalmente un motor acoplado, transmite el movimiento de giro a la banda.

Los tambores secundarios sirven de enlace para sostener la banda y direccionarla hacia el punto de destino.

Los tambores tensores permiten mantener la tensión de la banda durante todo el recorrido de la misma, evitando posibles deslizamientos de la cinta.

Rodillos

Al igual que los tambores secundarios, sirven para guiar a la cinta hasta el punto de destino o descarga, con la diferencia de que estos abrazan a la cinta por el exterior de la misma, al contrario que los tambores. También evitan la existencia de holguras que puedan provocar el enganche accidental de la cinta.

Bastidor

Está formado por la estructura que soporta a la cinta, tambores, rodillos y demás elementos que componen la banda transportadora. Su diseño debe permitir el correcto deslizamiento de la banda sin comprometer su sustentación, siendo esta firme y alineada.

Los bastidores pueden estar formados por una estructura que apoya directamente en el suelo o sujetos al techo mediante cables de acero.

Elementos de carga y descarga

Existen diversas formas de depositar el material en la cinta transportadora; lo más habitual es usar tolvas de carga y descarga, aunque también puede hacerse de forma manual o directamente depositando el material desde camiones, palas o grúas.

Sistemas de alineación y centrado de bandas

El correcto funcionamiento de una banda o cinta depende de muchos factores; sin embargo, la alineación y el centrado de la banda constituyen el parámetro más importante.

Nota

Una incorrecta alineación de la cinta puede causar serios desperfectos en el transportador y un mal funcionamiento del mismo.

Para las bandas que giran en un único sentido, el método más sencillo y práctico consiste en la colocación de una serie de rodillos en la banda o cinta que permiten el control centrado de la misma.

Para transportadoras a cinta cuyo funcionamiento es reversible se utiliza un sistema de centrado para las bandas de la empresa Martin Engineering. Este dispositivo está formado por una serie de brazos en forma de palancas y varios rodillos situados en los extremos de la banda transportadora que permiten el centrado y alineado de esta en ambas direcciones.

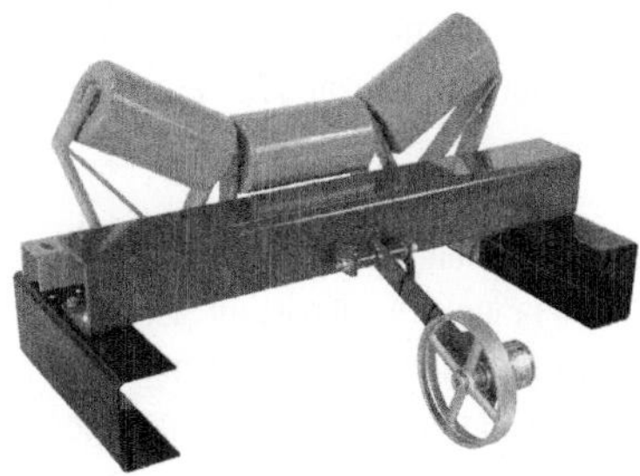

Freno antirretroceso

El freno antirretroceso es un dispositivo colocado en el tambor o eje motriz que permite anclar la banda para evitar el desplazamiento en el sentido contrario, una vez que esta se ha detenido. Actúa como un dispositivo de seguridad que impide el movimiento accidental de la cinta, evitando situaciones de peligro.

Aplicación práctica

La empresa "Aceites Melero" le ha contratado para la temporada de la recolección de la aceituna; su función es descargar los camiones cargados de aceitunas en la prensa para su transformación en aceite. Resulta que el sistema que habitualmente se usa para la descarga se ha estropeado y no podrá ser reparado durante toda la temporada que dura la recolecta de aceituna. Proponga una solución factible y exponga sus razones.

SOLUCIÓN

Como se trata de un producto a granel, podría usar tanto bandas transportadoras como cangilones. En el caso de que existiese una gran altura, utilizaría un sistema de cangilones cargando y descargando en tolvas; realizando el vaciado del camión sobre la tolva de carga del cangilón.

Si la zona de carga de la prensa presenta poca inclinación pero una gran distancia hacia el punto de vaciado del camión, la mejor opción es un sistema de transportadores a cinta, con carga y descarga de la cinta mediante tolvas, usando una cinta con nervaduras que impidiesen el movimiento rodado de la aceituna de forma incontrolada.

3.3. Carretillas elevadoras

Dispositivo motorizado guiado por un conductor cuya función es facilitar y/o realizar las tareas de transporte, levantamiento, colocación, almacenaje, apilamiento o empuje de la carga o material a depositar.

Nota

Las carretillas elevadoras pueden funcionar mediante un motor de combustión alimentado por combustibles tradicionales, pero la tendencia actual es la fabricación de carretillas elevadoras que funcionen con motor eléctrico para reducir las emisiones y mejorar la calidad del aire dentro de la planta de fabricación.

Actualmente las carretillas son uno de los dispositivos más comunes y empleados en la industria para el movimiento de cargas, debido a su versatilidad y manejabilidad. En el mercado se puede encontrar un extenso catálogo de carretillas dependiendo de la acción que realicen, la forma, el coste, etc. A continuación, se muestra una lista con algunos de los tipos de carretillas existentes en el mercado:

- Carretilla tractora.
- Carretilla elevadora.
- Carretilla portadora.
- Carretilla para paletas (transpaletas).
- Empujador.
- Carretilla apiladora.
- Carretilla todoterreno.

Definición

Palés
Unidad de carga y almacenamiento formada por una superficie plana que soporta todo tipo de mercancía y embalajes. Esta unidad de carga surgió para facilitar las operaciones de carga, manipulación y transporte que se llevan a cabo por medio de carretillas elevadoras.

Componentes de una carretilla elevadora

Los elementos que conforman una carretilla elevadora dependerán del modelo, tipo, fabricante o tarea a desempeñar; sin embargo, algunos componentes y dispositivos que pueden diferenciarse son:

- **Motor:** es el elemento que le confiere al dispositivo la capacidad dinámica para realizar las tareas y funciones para las que ha sido diseñado.
- **Conjunto elevador:** se refiere a las cadenas, poleas, engranajes, cables, estructura y demás elementos que permiten transformar la energía aportada por el motor en movimiento para el desplazamiento de las cargas.
- **Contrapeso:** peso muerto acoplado a la carretilla que pretende equilibrar la masa desplazada para mantener siempre la estabilidad de la carretilla.
- **Horquillas:** estructura cuya forma y diseño, generalmente en forma de U, permiten agarrar o sostener la mercancía a la hora de ser desplazada.
- **Bastidor:** elemento principal que actúa como soporte de todos los dispositivos necesarios para el funcionamiento de la carretilla.
- **Mástil:** soporte fijo a través del cual se deslizan las horquillas, su función es de soporte y guía de estas.
- **Ruedas:** elemento que permite el desplazamiento geográfico de la carretilla.

Nota

Para un correcto funcionamiento de la carretilla elevadora se debe realizar el mantenimiento periódico de cada uno de sus componentes, no solo del motor.

Algunos elementos adicionales que se pueden encontrar en las carretillas según su diseño pueden ser:

- **Luces:** se pueden utilizar dispositivos lumínicos tanto para facilitar la visión al operario o conductor, como para realizar señales de advertencia y seguridad.

- **Protecciones para el conductor:** el conductor, dependiendo de la carretilla, puede manejarla dentro de una cabina, con lo que cuenta con una serie de dispositivos de seguridad, como cinturón de seguridad, pantalla de protección, rejillas...
- **Cilindro de inclinación y elevación:** dispositivos que a través de cadenas, engranajes y correas permiten la elevación o inclinación de la horquilla.

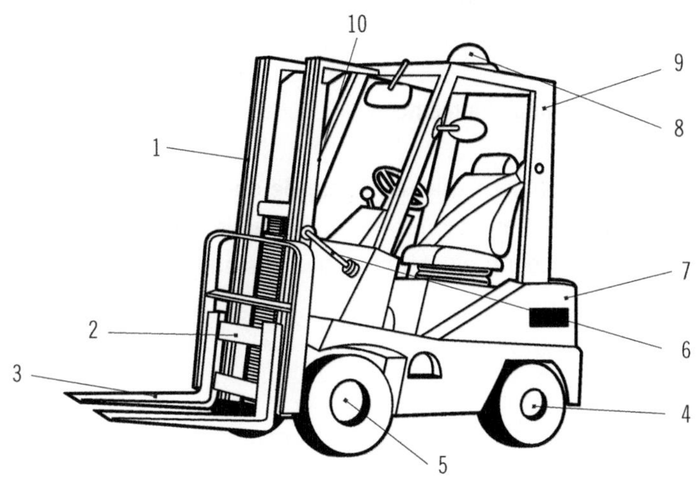

1. Mástil
2. Tablero portahorquillas
3. Horquillas
4. Eje directriz
5. Eje motriz
6. Cilindro de inclinación
7. Contrapeso
8. Luces
9. Protección del conductor
10. Cilindro elevador

Operaciones

Existen carretillas que permiten el desarrollo de una amplia variedad de trabajos, entre los más usuales están:

- Elevación de la carga.
- Desplazamiento de la carga.
- Sustentación de la carga.
- Retirada de la carga.
- Tareas de apilamiento y empuje.

- Apilado de la carga.
- Colocación adecuada de la mercancía en estantes.
- Remolque de mercancía.
- Vertido de la carga.
- Basculación.
- Rotación.
- Desplazamiento lateral de la carga.
- Descenso de la carga.
- Etc.

Normativa de uso y funcionamiento

La normativa establece que, a la hora de operar con carretillas elevadoras, se deben seguir unas condiciones de funcionamiento que garanticen totalmente la seguridad del operario y del personal existente.

Nota

Para poder manejar las carretillas elevadoras con el menor riesgo posible es preciso que el operario haya obtenido el carné de carretillero mediante el curso oportuno.

Algunas pautas que se deben tener en cuenta para el manejo de las carretillas son:

- Transpalés
  - Este tipo de carretilla debe ser manejada y propulsada manualmente por un operario a pie sobre una superficie lisa y horizontal.
  - La carga no debe elevarse más allá de la altura que dificulte las tareas de transporte.

- Carretillas elevadoras
  - Realizar el proceso de carga con el mástil vertical y la horquilla horizontal en superficies lisas y niveladas.
  - Realizar el transporte de la carga con el mástil y la horquilla ligeramente apoyados hacia atrás y en la posición más baja.
  - Evitar exceder los límites de peso y altura para la carga, y excesos de velocidad o maniobras bruscas en su manejo.

Aplicación práctica

Debe realizar el transporte de varios palés a un punto situado a 15 metros dentro de un almacén. Indique detalladamente el proceso que llevará a cabo para la manipulación de la carga, con una carretilla elevadora.

SOLUCIÓN

Primeramente se comprobará el correcto funcionamiento de la carretilla elevadora y se examinará que la carga que se ha de manipular está dentro de los límites de peso y altura máximos establecidos por el fabricante.

Continúa en página siguiente >>

<< Viene de página anterior

A continuación, se realizarán las siguientes acciones para obtener una operación correcta y segura:

- Cargar el palé con cuidado y elevarlo sobre 20 cm del suelo.
- Inclinar el mástil hacia atrás.
- Conducir la carretilla con cuidado, evitando movimientos bruscos y zonas estrechas.
- Llegados al punto de descarga, posicionar la carretilla frente a la zona de descarga de forma precisa.
- Manteniendo la carretilla frenada, elevar el palé hasta una altura un poco mayor que la superficie a depositarlo.
- Avanzar lentamente hasta que el palé se sitúe sobre el punto de descarga.
- Colocar el palé horizontal y proceder a su descarga de forma lenta y suave.
- Retirar la carretilla hacia atrás lentamente.
- Repetir la operación tantas veces como sea necesario.

3.4. Grúas

Dispositivo cuyo objetivo es la elevación y transporte de grandes cargas. Permite colocar la carga en cualquier punto del espacio, bien sea horizontal o vertical.

Elementos

Los componentes que principalmente conforman una grúa son:

- **Raíles para el desplazamiento del carro:** para situar el mecanismo grúa en el punto y la posición adecuada se debe realizar el desplazamiento del mismo a través de unos raíles que permitan realizar el movimiento de grandes cargas de forma segura.
- **Sistema de elevación:** está formado por el conjunto de dispositivos mecánicos tales como poleas, cables, polipastos, etc., que permiten el desplazamiento vertical de la carga.
- **Dispositivo de traslación:** este mecanismo generalmente también va montado sobre raíles y permite el desplazamiento del sistema de elevación en dirección transversal a los raíles del carro.

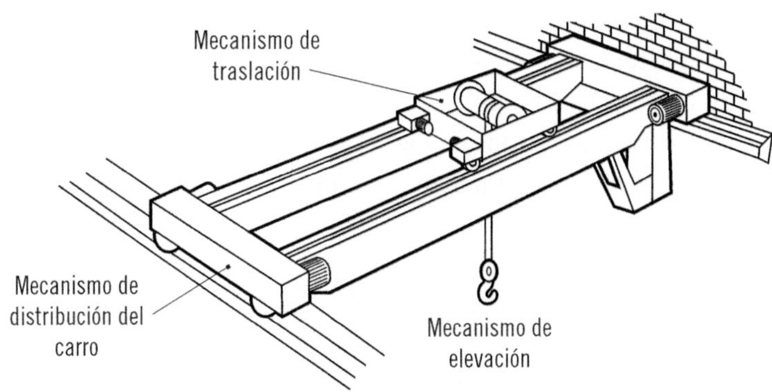

- **Sistema de inclinación:** dispositivo mecánico que permite modificar la altura y elevación de la pluma a través de la modificación del ángulo de inclinación.

- **Sistema de orientación:** dispositivo mecánico que permite la rotación de la máquina en el eje horizontal, para colocarse de forma correcta en la posición exacta.
- **Polipasto:** conjunto de poleas cuyo objetivo es el de facilitar la elevación de grandes cargas. Este tipo de sistemas constan de una serie de poleas fijas y móviles, de forma que reduce el esfuerzo necesario para levantar la carga, en mayor medida, cuantas más poleas móviles presente.

- **Cabestrante:** dispositivo formado por un tambor, generalmente un rodillo, que transmite el esfuerzo a un cable.

- **Torre:** estructura vertical que enlaza con la base de la grúa cuya misión es dar estabilidad y soportar la pluma.
- **Lastre:** masa situada en la base de la grúa cuya función es proporcionar estabilidad a la grúa a través de su peso.

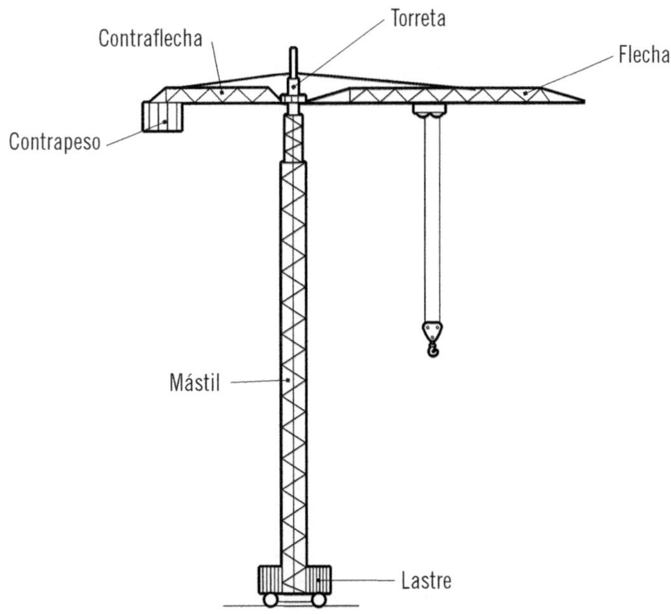

- **Contrapeso:** masa situada en el lado opuesto a la pluma cuya función es equilibrar el peso de la carga elevada por la pluma.

- **Gancho:** dispositivo de agarre colocado en el extremo del cable o de las poleas, cuya función es fijar la carga para ser elevada con seguridad.

Tipos de grúas

En el mercado y en la industria se pueden encontrar distintos tipos de grúas, todas ellas diseñadas para realizar de forma óptima las tareas de elevación de cargas, con la velocidad, condiciones de funcionamiento y precisión requeridas; sin embargo, el funcionamiento de todas es el mismo y solo se diferencian en la presencia de algunos elementos o en la ausencia de otros.

Algunos de los tipos de grúas que se pueden encontrar son:

- Grúa porticada.

- Puente grúa.

- Grúa torre.

- Grúa móvil.

- Grúa pared.

- Grúa flotante.

Operar con grúas

Siempre que sea necesario el movimiento de cargas mediante grúas, estas serán manejadas por personal cualificado, siguiendo las normas y protocolos de seguridad establecidos.

Algunas de las consideraciones que se deberán tener en cuenta a la hora de trabajar con estos dispositivos son:

- Asegurar correctamente la carga a elevar contra posibles desprendimientos.
- Realizar el alzado y depósito del cargamento de forma lenta y suave.
- Evitar movimientos bruscos de la carga.
- Evitar si es posible el movimiento de cargas sobre las personas.
- Asentar correctamente la carga a la hora de depositarla.
- Si es necesaria la presencia de personas en el alzado de la carga, estas llevarán puestos todos los dispositivos de seguridad necesarios y también los chalecos reflectantes.
- Evitar interponer obstáculos o manejar cargas fuera del alcance de visión de la persona encargada del manejo de la grúa.
- Evitar trabajos de movimientos de grandes cargas o cargas arrojadizas con condiciones climatológicas desfavorables.

4. Mantenimiento de primer nivel y limpieza de maquinaria y herramientas

Las tareas de mantenimiento y reparación deben realizarlas siempre el personal encargado y cualificado para ello; sin embargo, el operario tiene que preocuparse de mantener el correcto funcionamiento de la maquinaria de la que haga uso, también debe cuidar de su limpieza y avisar al personal de mantenimiento de las posibles anomalías que se produzcan.

El operario debe seguir siempre las directrices y protocolos de mantenimiento establecidos tanto por el fabricante de la maquinaria o herramientas como por parte del personal de mantenimiento de la fábrica o empresa.

A continuación, se muestran algunas directrices para realizar un correcto mantenimiento por parte del operario de la maquinaria:

- Comprobar el correcto funcionamiento de todos los elementos y dispositivos, así como el encendido de las lámparas.

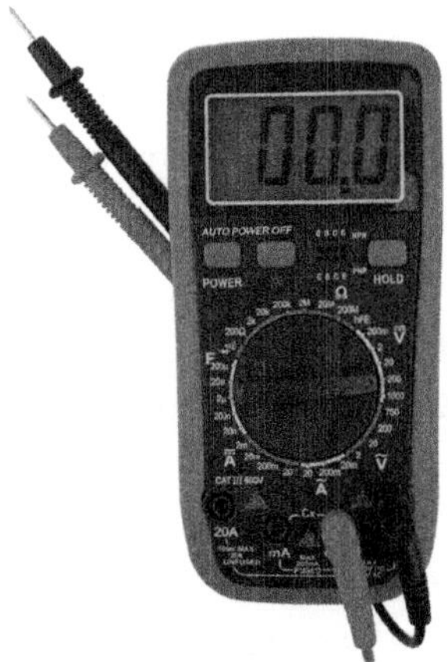

Multímetro empleado para comprobar el correcto funcionamiento en sistemas electrónicos

- Realizar el cambio de las lámparas fundidas.
- Engrasar debidamente todos los elementos móviles, rodantes y sujetos a fricción (ejes, cojinetes, cadenas, engranajes, etc.).

- Pintar todas las superficies que puedan verse afectadas por la corrosión.

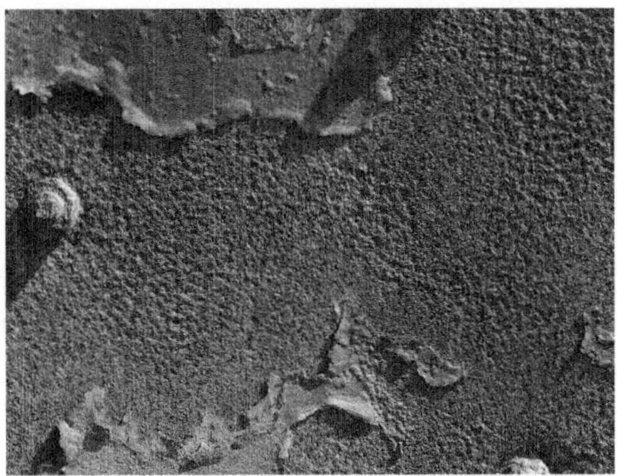

- Evitar el contacto entre materiales metálicos con distinto potencial de oxidación para eliminar problemas de corrosión.
- Revisar el estado y presión de las ruedas y neumáticos.
- Comprobar los niveles de aceite y líquidos cada cierto tiempo, una vez en verano y otra en invierno, o en caso de advertir el derrame de los mismos.

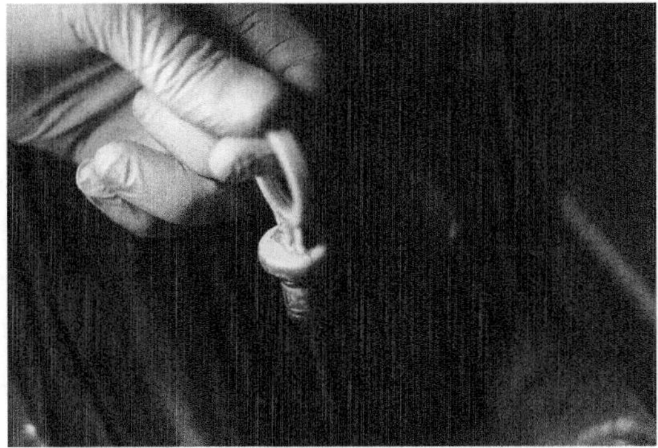

- Mantener limpias y ordenadas las herramientas y maquinaria empleada, así como ordenar el almacén a la hora de proceder a su guardado.
- Comprobar los niveles de batería y gasolina.
- Verificar el estado de los filtros de aire y aceite.

5. Gestión de residuos, embalajes y protección al medioambiente

En cualquier tipo de industria y especialmente en la de almacenaje, se generan diariamente y de forma continua gran cantidad de residuos, provenientes de embalajes y procesos que tienen por objeto servir de envoltorio a otros productos o mercancía.

Debido a la importancia del medioambiente, estos residuos, así como otros residuos generados en otros procesos, deben ser correctamente tratados. Las siguientes recomendaciones ayudarán a gestionar los residuos conforme a las leyes medioambientales:

- Apagar las máquinas y aparatos mientras no estén utilizándose. Con esta medida se reducirá el consumo energético.
- Apagar las luces de zonas no habitadas. Para realizar los trabajos de forma correcta es necesario poseer un nivel de iluminación adecuado; sin embargo, en aquellos lugares donde la iluminación no es necesaria es importante desconectar las lámparas.
- Utilizar bombillas de bajo consumo de tipo LED. Supondrá un ahorro económico y contribuirá a la protección del medioambiente, ya que a diferencia de las bombillas de bajo consumo fluorescentes tradicionales, las de tipo LED no cuentan con mercurio en su interior.
- A la hora de sustituir las luminarias, se deben reciclar las bombillas utilizadas depositándolas en contenedores especiales.
- Cuando se proceda al mantenimiento de la máquina, tanto grasas como aceites y trapos manchados deben depositarse en contenedores especiales o en puntos limpios donde sean tratados correctamente.
- El almacén o fábrica dispondrá de un punto localizado donde depositar los diferentes residuos para su posterior traslado a un punto limpio. Dependiendo de los materiales con que se trabaje, se deberá disponer de uno o varios contenedores, entre los que destacan:
  - Contenedor para plásticos.
  - Contenedor para metales.
  - Contendor para vidrios.
  - Contenedor para aceites.
  - Contendor para componentes eléctricos y electrónicos.

- Contenedores para papel y cartón.
- Contenedores para productos biológicos.
- Contenedores para productos químicos.
- Contenedores para productos radiactivos.
- Contenedores para metales pesados.
- Contenedores para madera.
- Contenedores para residuos orgánicos.

Debido al riesgo que sufre el medioambiente, es necesario clasificar los residuos para tratar de la forma correcta cada uno de ellos y evitar daños al medio. Para controlar el correcto tratamiento de los residuos, se realizan revisiones periódicamente.

6. Resumen

El almacenaje y transporte de los materiales es un aspecto importante que se debe planificar en una industria.

En este capítulo se han analizado las pautas que se deben seguir para realizar de forma correcta y segura el almacenamiento y transporte de la carga. También se han estudiado los diferentes medios y dispositivos empleados en la industria para el transporte de la mercancía, así como las ventajas e inconvenientes que presentan y las precauciones que deben tenerse en cuenta a la hora de manejar dichos dispositivos.

Se han explicado de los cuidados y mantenimientos que deben realizarse a la maquinaria y herramientas en uso por parte del operario.

Finalmente, se ha visto la importancia de gestionar debidamente todos los residuos y embalajes generados en la industria, así como las distintas actuaciones encaminadas a proteger el medioambiente.

Ejercicios de repaso y autoevaluación

1. **Almacenar es:**

    a. Realizar un traslado ordenado y sistemático de la mercancía.
    b. Colocar debidamente la mercancía en un almacén, para su uso inmediato.
    c. Realizar el agrupamiento de la mercancía para guardarla o depositarla en un lugar determinado por un periodo de tiempo establecido.
    d. Distribuir de forma correcta y segura materiales en estanterías.

2. **¿Cuál es una de las principales causas de errores en las tareas de almacenaje y transporte de mercancías, que además aumenta el número de accidentes?**

    a. Un mal control de los procesos.
    b. Una mala planificación.
    c. Una mala información del personal trabajador.
    d. Todas las opciones son correctas.

3. **Nombre algunas diferencias entre el transporte por carretera y el transporte por raíl.**

    ____
    ____
    ____
    ____

4. **¿Por qué es importante afianzar la mercancía cuando va a ser transportada?**

    ____
    ____
    ____
    ____

5. **¿Cuál de los siguientes dispositivos emplearía para el desplazamiento vertical de productos a granel?**

   a. Grúas con polipastos.
   b. Transportadores a cinta.
   c. Transpalés.
   d. Elevadores de Cangilones.

6. **Nombre algunas partes o elementos de los que se componen una cinta transportadora.**

7. **Nombre cuatro tipos de carretillas elevadoras que conozca.**

8. **Enumere ocho tareas que pueden realizarse con una carretilla elevadora.**

9. **¿Cuál es la diferencia entre el lastre y el contrapeso empleados en una grúa?**

10. ¿Por qué es importante gestionar adecuadamente los embalajes en la industria?

Bibliografía

Monografías

- ÁGUEDA Casado, E; GÓMEZ Morales, T; GARCÍA Jiménez, J.I. y MARTÍN Navarro, J.: *Técnicas de mecanizado I y II.* Boston: Cengage Group, 2022.
- AURIA Apilluelo, J. M.; IBÁÑEZ Carabaotes, P.; UBIETO Artur, P.: *Dibujo Industrial, conjuntos y despieces.* Paraninfo, 2008.
- DECKER, K. H.: *Elementos de Máquinas.* Urmo S.A. de Ediciones. 1980.
- FENOLL, J., CARLOS Borja, J. y SECO de Herrera, J.: *Técnicas de Mecanizado, mantenimiento de vehículos.* Macmillan, 2010.
- FERRER, J. y DOMÍNGUEZ, E. J.: *Técnicas de mecanizado para el mantenimiento de vehículos.* Editex, 2008.
- GÓMEZ Etxabarría, G.: *Todo prevención de riesgos laborales, medio ambiente y seguridad industrial.* CISS – PRAXIS, 2009.
- KALPAKJIAN, S. y SCHMID, S.: *Manufactura, ingeniería y tecnología.* Pearson Educación, 2008.
- SHIGLEY, J. E. y MISCHKE, C. R.: *Diseño en ingeniería mecánica.* McGraw-Hill, 2021.
- SPOTTS, M. F. y SHOUP, T. E.: *Elementos de máquinas.* Pearson, 2008.

Textos electrónicos, bases de datos y programas informáticos

- Asociación Española de Normalización y Certificación AENOR, de: <https://www.aenor.com>.

- Curso básico de estructuras metálicas, de: <https://repositorio.unal.edu.co/bitstream/handle/unal/9117/9589322891.pdf;jsessionid=3A6D33BBEA3EFA5D938265D76DF515F0>.

- Instituto Nacional de Seguridad y Salud en el Trabajo, de: <https://www.insst.es>.

- Transmisión por correas, de: <https://ocw.ehu.eus/pluginfile.php/50395/mod_resource/content/1/Tema%2011.%20Transmisión%20por%20correas.pdf>.